Idéation et recettes : Madame Labriski (Mériane Labrie)
Conception-rédaction : Madame Labriski (Mériane Labrie)
Édition : Pascale Mongeon
Design graphique : 21 grammes – Agence d'idéation
Infographie : Johanne Lemay
Photographie : Catherine Côté
Stylisme culinaire et accessoires : 21 grammes – Agence d'idéation et Marjorie Maltais
Traitement des images : Johanne Lemay
Révision : Lucie Désaulniers
Correction : Sylvie Massariol

Catalogage avant publication de Bibliothèque et Archives nationales du Québec et Bibliothèque et Archives Canada

Labriski, Madame, auteur

Bye-bye sucre raffiné, bonjour purée de dattes : recettes faciles, sans sucre et sans gras ajoutés : plusieurs sans allergènes / Madame Labriski.

Comprend un index.

ISBN 978-2-7619-5113-5

1. Cuisine (Dattes). 2. Livres de cuisine. I. Titre.

TX813.D3L32 2018 41.6'462 C2018-942142-8

Suivez-nous sur le Web

Consultez nos sites Internet et inscrivez-vous à l'infolettre pour rester informé en tout temps de nos publications et de nos concours en ligne. Et croisez aussi vos auteurs préférés et notre équipe sur nos blogues !

EDITIONS-HOMME.COM
EDITIONS-JOUR.COM
EDITIONS-PETITHOMME.COM
EDITIONS-LAGRIFFE.COM
RECTOVERSO-EDITEUR.COM
QUEBEC-LIVRES.COM
EDITIONS-LASEMAINE.COM

10-18

Imprimé au Canada

Dépôt légal : 2018
Bibliothèque et Archives nationales du Québec

ISBN (version papier) 978-2-7619-5113-5
ISBN (version numérique) 978-2-7619-5152-4

DISTRIBUTEURS EXCLUSIFS :

Pour le Canada et les États-Unis :
MESSAGERIES ADP inc.*
Téléphone : 450-640-1237
Internet : www.messageries-adp.com
* filiale du Groupe Sogides inc.,
filiale de Québecor Média inc.

Pour la France et les autres pays :
INTERFORUM editis
Téléphone : 33 (0) 1 49 59 11 56/91
Service commandes France Métropolitaine
Téléphone : 33 (0) 2 38 32 71 00
Internet : www.interforum.fr
Service commandes Export – DOM-TOM
Internet : www.interforum.fr
Courriel : cdes-export@interforum.fr

Pour la Suisse :
INTERFORUM editis SUISSE
Téléphone : 41 (0) 26 460 80 60
Internet : www.interforumsuisse.ch
Courriel : office@interforumsuisse.ch
Distributeur : OLF S.A.
Commandes :
Téléphone : 41 (0) 26 467 53 33
Internet : www.olf.ch
Courriel : information@olf.ch

Pour la Belgique et le Luxembourg :
INTERFORUM BENELUX S.A.
Téléphone : 32 (0) 10 42 03 20
Internet : www.interforum.be
Courriel : info@interforum.be

Gouvernement du Québec – Programme de crédit d'impôt pour l'édition de livres –

Conseil des Arts du Canada | Canada Council for the Arts

L'Éditeur bénéficie du soutien de la Société de développement des entreprises culturelles du Québec pour son programme d'édition.

Financé par le gouvernement du Canada | Funded by the Government of Canada | Canada

Nous remercions le Conseil des Arts du Canada de l'aide accordée à notre programme de publication.

Nous reconnaissons l'aide financière du gouvernement du Canada par l'entremise du Fonds du livre du Canada pour nos activités d'édition.

Madame Labriski

Bye-bye sucre raffiné, bonjour purée de dattes !

Miamski

Recettes faciles, sans sucre et sans gras ajoutés.
Plusieurs sans allergènes.

LES ÉDITIONS DE L'HOMME

Préface

(Wowski ! La Madame est tellement fière et honnorée. Pincez-moi quelqu'un !)

Je dois l'avouer, j'ai eu un réel coup de foudre pour le phénomène Labriski. Je ne suis apparemment pas la seule quand on considère que plus de 120 000 personnes se sont procuré son fameux livre jaune. Je suis donc vraiment ravie que Madame Labriski poursuive son aventure avec un deuxième livre. Vous serez enchanté de découvrir ses nouvelles recettes, j'en suis certaine. Vous serez également heureux de renouer avec son approche unique : plein de vrais aliments comme ingrédients, des recettes faciles à faire qui vous donneront le goût de cuisiner et, surtout, le plaisir pour lier le tout !

Cela vous surprendra peut-être d'apprendre que la nutritionniste que je suis n'a jamais calculé la valeur nutritionnelle des recettes de Madame Labriski. C'est probablement parce que je n'ai pas besoin de faire de calculs pour savoir que, d'un point de vue nutritionnel, ses recettes ont la cote. De plus, je trouve que nous sommes parfois un peu trop bombardés d'information sur la quantité de calories et de nutriments qu'on trouve dans nos aliments. Toute cette information peut nous faire perdre nos « radars naturels ». C'est dommage de penser que des personnes décident de manger certains aliments uniquement sur la base de leur contenu en calories, au lieu de se fier à leur faim et à leur envie de manger tel aliment plutôt qu'un autre. Madame Labriski ne nous distrait pas avec les calories ; on choisit les recettes qui nous tentent, on trouve nos coups de cœur et on mange les petites merveilles qu'on a cuisinées pour combler notre faim et nous donner de l'énergie. Sachez par ailleurs que, dans ce livre, Madame Labriski fait une exception pour la section « Protéines » où les contenus en fibres, en glucides et en protéines sont indiqués pour les sportifs qui aiment choisir le carburant à mettre dans leur bolide ! Ces informations pourront également être utiles aux personnes diabétiques qui doivent calculer la quantité de glucides dans leur alimentation.

Vous pourrez constater que, tout comme dans son livre précédent, le plaisir est encore au rendez-vous sous toutes ses formes avec des noms de recettes colorés et la mise en valeur du goût, de l'odeur et de l'apparence des produits. Bref, Madame Labriski nous convie au plaisir tout au long de la préparation de ses recettes. En tant que chercheuse dans le domaine de la nutrition, je crois fermement que nous devrions davantage utiliser le plaisir pour promouvoir la saine alimentation. Trop souvent, je trouve qu'on le réserve aux aliments « défendus ». Cela fait en sorte qu'on ne trouve pas naturel que les aliments et les comportements alimentaires sains puissent être une source de grand plaisir. Je trouve que Madame Labriski, avec son bol, sa cuillère en bois et sa bonne humeur, contribue de façon unique à réconcilier plaisir et saine alimentation, et je l'en remercie !

Simone Lemieux, Dt.P., Ph. D.
Professeure à l'École de nutrition de l'Université Laval
Chercheuse à l'Institut sur la nutrition et les aliments fonctionnels

Madame
Labriski

Je ne suis pas nutritionniste ni pâtissière, je suis une Madame motivée qui carbure fièrement aux Labriski.

Un jour, je me suis levée avec cette idée olympique qui brûlait en moi : démontrer que manger santé goûte bon et offre une meilleure qualité d'énergie. Après la naissance de madamelabriski.com, le succès de mon premier livre jaune, *Ces galettes dont tout le monde parle*, et du MégaRelais Madame Labriski, j'avais une envie folle de m'envoler. Ma vision : changer le monde, une galette et une cuillère de purée de dattes à la fois.

Et si on pouvait aller encore plus loin avec la purée de dattes ? Et si on pouvait contribuer à diminuer la consommation de sucre raffiné ? Depuis, je suis animée par une force qui vient de l'au-delà. Pour rire, je dis que je me suis fait enlever par E.T. pour faire une différence dans la santé des… Terriens*. Ha ! Ha ! Ha !

Bienvenue dans l'univers gourmand et pétillant de santé de Madame Labriski : *Bye-bye sucre raffiné, bonjour purée de dattes !*

* Au début, je disais « des Québécois ». Avec le temps, je me suis demandé pourquoi je me limitais à un aussi petit territoire. Je crois que tout est possible dans la vie… il suffit d'y croire et d'avoir confiance en soi.

Légendes

- Végane
- Sans produits laitiers
- Protéiné
- Sans gluten
- Sans arachides ni noix

À vous qui avez pris
la délicieuse décision
de prendre soin de vous.
Merciski la vie.

À mes amis du Bassin chez nous.

Si vous savez faire cuire un œuf, vous avez tout le talent du monde pour réussir ces recettes pétillantes de santé.

À votre cuillère en bois !

Table des matièreski

En cuisine comme dans la vie,

on possède tous un potentiel immense. Le saviez-vous ?

Faites-vous confiance et osez…
vous allez vous épater.

Par quoi remplacer la poudre d'amandes ?

De la poudre de noix tigrées bio. Ces surprenants tubercules offrent la même texture.
Où : Épicerie santé

Graines de chia et de lin : puis-je les interchanger ?

Oui. Toujours.

Le pouding Pas d'job (style chômeur, page 168), puis-je en manger pour déjeuner ?

Oui.
Comme la majorité des recettes. Ajouter un peu de graines de chia pour augmenter les protéines.

« L'amour de soi donne des ailes.
Prenez soin de vous, mangez bien. »

Par quoi remplacer un œuf dans une recette ?

a) 1 c. à soupe de graines de chia moulues + 3 c. à soupe d'eau
b) 2 c. à soupe de graines de lin moulues + 2 c. à soupe d'eau
c) 1/2 banane écrasée à la fourchette

Puis-je faire les recettes avec du lait régulier ?

Oui.
Ça serait vache que je vous dise le contraire, hein ?
Ha ! Ha ! Ha !

Allergique aux amandes ?

Transformez vos graines préférées en poudre et cuisinez la recette qui vous fait de l'œil... (citrouille, tournesol, etc.)

Puis-je mettre du yogourt à la place de la compote de pommes ?

Oui. Toujours.

« Faites ce que vous aimez. Vous aurez toute l'énergie du monde pour vous réaliser. »

Poudre de maca bio ?

Superaliment, le maca permet d'augmenter l'énergie de façon stable.
Où : Épicerie santé

Je cuisine à convection, que dois-je faire ?

Mettre votre four à 160 °C (325 °F) au lieu de 180 °C (350 °F) et respecter la durée de cuisson proposée.

J'ai de la poudre de grillons, puis-je en ajouter dans n'importe quelle recette ?

Oui. Facilement 2 à 3 c. à soupe.
Où : Épicerie santé

02
06
08
01
03

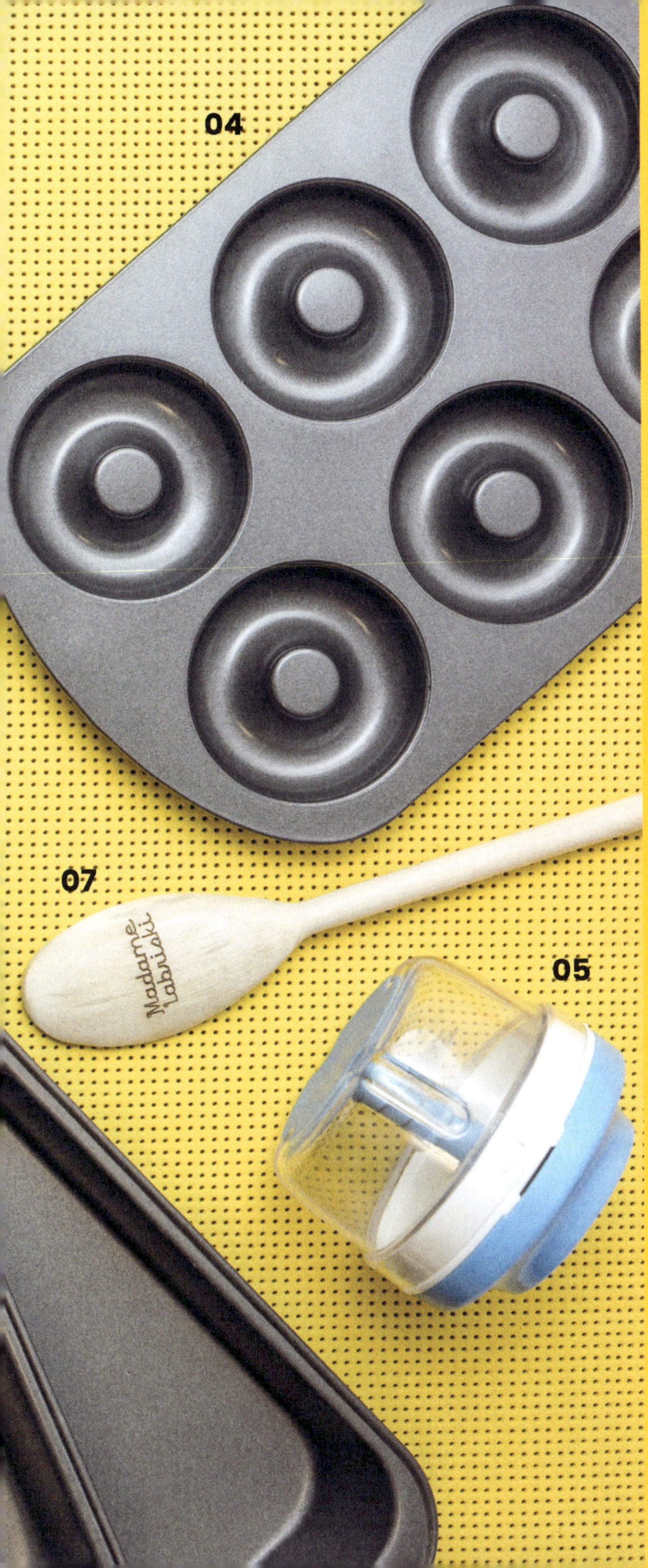

Simple comme dans facile. Vous avez tout ce qu'il faut pour vous amuser.

01
Mon cœur balance
La balance qui permet de sauver du temps. Cuisiner au poids assure de la précision. On aime ça.

02
Magnifique
La portionneuse ajoute de l'élégance à votre talent culinaire.

03
Une piastre ou deux
Les plaques de cuisson et les moules vendus dans ces magasins sont parfaits pour commencer. Gâtez-vous !

04
Fou raide !
Ma folie de l'année : un moule à beignes au four. Pour 10 $, toute la famille ca-po-te sa vie de joie.

05
Magique !
Un mini-hachoir à noix permet de transformer toutes les noix et graines en farine.

06
Indispensable !
Tapis en silicone : courez vous en procurer un. Comme ça, rien ne colle.

07
Solide !
Une simple cuillère en bois est idéale pour mélanger la pâte.

08
C'est le pied
Oubliez les machines du futur. Un pied-mélangeur suffit.

Ce sucre raffiné qui me donne la berlue.

J'ai le bec sucré et j'aime me régaler.
Dévoreuse de bitume, je peux devenir affamée.
Je mangerais un éléphant tellement j'ai faim.

Comme je prends soin de moi, je ne mange pas n'importe quoi.
Je veux ce qu'il y a de mieux.
Goûteuuuur, qu'on m'amène mon goûteur !
(Ha ! Ha ! Ha ! – je blague)

J'ai la dent sucrée et j'exige de la qualité.
Je suis révoltée par la piètre qualité des desserts et des collations déjà préparés.
Des calories vides… c'est vide de sens, non ?
Pourquoi les recettes populaires sont-elles encore à l'âge de pierre ?

Je ne dis pas de ne pas en manger… juste qu'on consomme trop de sucre raffiné.
J'ai mal au cœur pour demain.
Il faut se mobiliser et faire évoluer les tendances.
Brisons les conventions et créons des Labriskinneries.

Ça tombe bien, j'ai des idées :
bye-bye sucre raffiné !

Cette purée de dattes qui embellit ma vie.

Purée de dattes, je t'aime.
Je t'aime parce que tu es remplie de bienfaits.
Oui, tu es un sucre. Mais un sucre naturel riche en fibres.
Tu as ce pouvoir de me soutenir longtemps…
comme un certain lapin rose des années 1980;-)

On a besoin de sucre pour fonctionner dans la vie.
C'est le sucre raffiné qu'il faut éliminer.

Avec ton goût neutre naturellement sucré,
tu m'offres une énergie positive de qualité.
Chaque fois que je t'ajoute à mon quotidien,
je sais que tu prendras soin de moi.
Tu es réconfort et plaisir gourmand.
Tu me permets de performer à volonté.

Mon bonheur est que tu es un fruit. Faut-il vraiment le répéter?
Je t'aime dans une galette, un yogourt ou carrément à la cuillère.
J'aime ton originalité et tes possibilités.
Grâce à toi, je fais le plein de vitalité et je respire la santé.

Comment pourrais-je ne pas t'aimer? Tu veux m'épouser?
Vive la purée de dattes!

Toutes ces recettes sont vraiment sucrées à la purée de dattes ? Oui.

Est-ce que ça goûte la datte ? Non. Ça goûtera uniquement si on ajoute des morceaux de dattes.

Riche en fibres, elle offre un goût neutre et elle a ce pouvoir de nous soutenir longtemps ; c'est ça, la « magie » signée Madame Labriski.

Comment faire de la purée de dattes ?

Super facile à faire, cette purée est au cœur de toutes les recettes. Elle se conserve 2 semaines au réfrigérateur dans un plat hermétique. Si elle se congèle ? Ouiski !

Cuisson : 8 minutes
Quantité : 750 g (2 1/2 tasses)

Ingrédients
500 g (3 tasses) de dattes séchées dénoyautées
410 ml (1 2/3 tasse) d'eau

Tadamski :

01 Dans une casserole, sur la cuisinière, à feu moyen, faire chauffer les dattes et l'eau jusqu'à ce quelles soient bien molles. Mélanger et réserver.
02 Passer le tout au pied-mélangeur (ziiiiii !, ziiiiii !) jusqu'à l'obtention d'une texture semblable à celle du yogourt grec. Si vous n'avez pas de pied-mélangeur, on brasse vigoureusement à la cuillère.
03 C'est tout*.

* Pour de la purée parfumée, on ajoute 1 c. à soupe de l'essence désirée.

Délicieusement pratique !

Vous aimez l'odeur de bonheur qui envahit votre maison lorsque vous cuisinez des Labriski, mais… vous manquez de temps ?

Voici la gamme de purées déjà prêtes.

Je le sais, je le sais, c'est facile à faire, de la purée.
Plusieurs personnes me disent cependant ne pas prendre le temps de préparer la purée.
Mon désir étant de contribuer à diminuer la consommation de sucre raffiné, j'ai pensé leur faciliter la vie : j'ai pris ma cuillère en bois et je me suis mise aux fourneaux.

Pour vous servir : 4 saveurs de purée de dattes, toujours sans sucre ajouté.
Les ingrédients sont 100 % naturels et l'emballage est recyclable.
Essayez les saveurs sur vos rôties matinales, du yogourt ou de la crème glacée, dans vos smoothies, à la cuillère, et cuisinez ces nouvelles recettes décadentes de joie de vivre en bouche.

Toutes les recettes du livre se cuisinent avec la purée originale. Dans la liste des ingrédients, j'ai mis une icône pour vous proposer une saveur… c'est à prendre ou à laisser. Si vous cuisinez avec la saveur, ça sera un peu plus euphorique en bouche. Ha ! Ha ! Ha ! Les idées sont partout et je voulais vous inspirer.

Saveur **vanille**

Saveur **caramel**

Saveur **chocolat**

Madame Labriski
Purée de dattes
Madame Labriski

Le bonheur c'est une galette qui goûte le ciel.

La **Vitavitalité**

(matcha, éclats de cacao cru et choco)

Verdoyante galette, tu me confirmes que je suis en vie. Vivifiante et stimulante à souhait, tu m'invites à savourer la vie. Grâce à toi, je vis ma vitalité. Ha! Ha! Ha!

Cuisson: 10 minutes **Four:** 180 °C (350 °F) **Quantité:** 20 galettes de 15 g (1/2 oz)

75 g (1/4 tasse) de purée de dattes
75 g (1/4 tasse) de compote de pommes non sucrée
1 œuf

1/2 c. à soupe de poudre à pâte
1/2 c. à thé de bicarbonate de soude
2 c. à soupe de matcha

75 g (1/2 tasse) de farine sans gluten ou votre farine préférée
35 g (1/4 tasse) d'éclats de cacao cru
25 g (1/4 tasse) de noix de coco non sucrée
50 g (1/4 tasse) de pépites de chocolat noir

Déco
Quelques pépites de chocolat noir

Tadamski :

01 Préchauffer le four à 180 °C (350 °F).
02 Dans un bol, bien mélanger tous les ingrédients de la section **noire**.
03 Incorporer les ingrédients de la section **grise**. Observer la légère émulsion et bien brasser.
04 Toujours en brassant, ajouter les ingrédients de la section **jaune**.
05 Couvrir une plaque de cuisson de papier parchemin ou d'un tapis en silicone, sinon tout va coller.
06 Déposer la pâte à la cuillère ou à la petite portionneuse pour créer de mignonnes labriskis.
07 Décorer avec une pépite de chocolat.
08 Cuire au four environ 10 minutes.
09 Ajoutez du vert à votre quotidien avec la Vitavitalité!

Le saviez-vous ?

L'éclat de cacao est très riche en fer et en fibres.

La **Mme Véganette**

(avoine, raisins secs et amour sans allergènes)

Cousine de la célèbre Mme Avoinette, cette délicieuse version se cuisine sans œufs. Vraiment? Si, si. Un classique à l'avoine sans allergènes: vive les boîtes à lunch!

Cuisson: 15 minutes **Four:** 180 °C (350 °F) **Quantité:** 23 galettes de 30 g (1 oz)

150 g (1/2 tasse) de purée de dattes
150 g (1/2 tasse) de compote de pommes non sucrée
62 g (1/4 tasse) de boisson végétale (ou de lait)
2 c. à thé d'extrait de vanille pur
2 c. à thé de poudre à pâte
2 c. à soupe de graines de chia
1 c. à soupe de vinaigre
1/2 c. à soupe de cannelle moulue
Une pincée de sel

100 g (1 tasse) de farine d'avoine certifiée sans gluten
100 g (1 tasse) de flocons d'avoine à cuisson rapide certifiée sans gluten
65 g (1/2 tasse) de raisins secs

Déco

Quelques raisins secs

Tadamski :

01 Préchauffer le four à 180 °C (350 °F).
02 Dans un bol, bien mélanger tous les ingrédients de la section **noire**. Wow, ça frétille.
03 Incorporer les ingrédients de la section **grise**.
04 Couvrir une plaque de cuisson de papier parchemin ou d'un tapis en silicone, sinon tout va coller.
05 Déposer la pâte à la cuillère ou à la portionneuse pour créer de belles labriskis.
06 Décorer chacune des galettes avec quelques raisins secs.
07 Cuire au four environ 15 minutes.
08 Profitez de l'odeur alléchante… et offrez-en à tous vos amis qui souffrent d'intolérances alimentaires.

Truc de la Madame

Aucune intolérance en vue? Cuisinez cette recette avec votre farine préférée.

La **Fiesta Grenada**

(fraises, canneberges et amandes)

On se gâte la fraise, on voit la vie en rouge écarlate et on danse de joie. Ainsi va la vie qui va avec cette collation digne d'une grande folie gourmande. On est fouuuu!

Cuisson: 15 minutes **Four:** 180 °C (350 °F) **Quantité:** 25 galettes de 30 g (1 oz)

150 g (1/2 tasse) de purée de dattes
150 g (1/2 tasse) de compote de fraises et pommes non sucrée du commerce
2 c. à thé de poudre à pâte
1 sachet de 2,4 g de Cristal Léger à la cerise-grenade
Une pincée de sel

100 g (1 tasse) de poudre d'amandes
50 g (1/2 tasse) de farine sans gluten ou votre farine préférée
50 g (1/2 tasse) de noix de coco non sucrée, râpée
65 g (1/2 tasse) de canneberges séchées juteuses
2 c. à soupe de graines de chia
8 à 10 (ou plus) bonnes fraises fraîches, coupées en morceaux
100 g (1/2 tasse) de pépites de chocolat blanc ou noir (facultatif)

Déco
Quelques fraises en morceaux

Tadamski :

01 Préchauffer le four à 180 °C (350 °F).
02 Dans un bol, bien mélanger tous les ingrédients de la section **noire**.
03 Incorporer les ingrédients de la section **grise** et bien brasser.
04 Couvrir une plaque de cuisson de papier parchemin ou d'un tapis en silicone, sinon tout va coller.
05 Déposer la pâte à la cuillère ou à la portionneuse pour créer d'alléchantes labriskis.
06 Décorer avec un morceau de fraise en laissant parler l'artiste en vous.
07 Cuire au four environ 15 minutes.
08 Hum... ça goûte le rouge. Ha! Ha! Ha!

Option sans **Cristal Léger**

Mettez 1 c. à soupe d'extrait de vanille et quelques gouttes de colorant alimentaire rouge.

La **Studieuse fruitée**

(canneberges, chanvre et parfum d'agrumes)

Mi-figue mi-raisin, cette galette présente un caractère sérieux. Extrêmement nourrissante, elle offre une légèreté fruitée en bouche. C'est une première de classe sur toute la ligne.

Cuisson : 20 minutes **Four :** 180 °C (350 °F) **Quantité :** 17 galettes de 30 g (1 oz)

150 g (1/2 tasse) de purée de dattes
150 g (1/2 tasse) de compote de pommes non sucrée
60 g (1/4 tasse) de boisson végétale (ou de lait)
2 c. à thé de poudre à pâte
1 c. à soupe de vinaigre
2 c. à soupe de graines de chia
1 c. à soupe d'extrait de vanille pur
3 gouttes d'huile essentielle d'orange ou de citron (facultatif)
Une pincée de sel

60 g (1/2 tasse) de farine d'épeautre
50 g (1/2 tasse) de gros flocons d'avoine
30 g (1/4 tasse) de chanvre écalé
65 g (1/2 tasse) de canneberges séchées

Déco
Canneberges séchées

Tadamski :

01 Préchauffer le four à 180 °C (350 °F).
02 Dans un bol, bien mélanger tous les ingrédients de la section **noire**. Wow, ça frétille.
03 Incorporer les ingrédients de la section **grise**.
04 Couvrir une plaque de cuisson de papier parchemin ou d'un tapis en silicone, sinon tout va coller.
05 Déposer la pâte à la cuillère ou à la portionneuse pour créer de belles labriskis.
06 Décorer avec quelques canneberges séchées.
07 Cuire au four environ 20 minutes.
08 La santé, c'est du sérieux. Cuisinez-les à répétition.

Astuce santé

Pour une note parfaite, préférez les canneberges séchées sucrées au jus de pomme.

La **Duchocolàlà**

(chocolat à la folie)

Amateurs de cho-co-lat, votre bonheur en bouche sera si grand que vous en perdrez votre latin. En prime, c'est une source de fibres et de chocolat. Tralala lalère!

Cuisson: 15 minutes **Four:** 180 °C (350 °F) **Quantité:** 18 galettes de 30 g (1 oz)

150 g (1/2 tasse) de purée de dattes
150 g (1/2 tasse) de compote de pommes non sucrée
60 g (1/4 tasse) de boisson végétale (ou de lait)
2 c. à thé d'extrait de vanille pur
2 c. à thé de poudre à pâte
1 c. à soupe de vinaigre
Une pincée de sel

75 g (3/4 tasse) de farine sans gluten, de blé, d'épeautre ou autre
50 g (1/2 tasse) de poudre de cacao
2 c. à soupe de graines de chia
100 g (1/2 tasse) de pépites de chocolat noir
35 g (1/4 tasse) d'éclats de cacao cru (facultatif)

Tadamski :

01 Préchauffer le four à 180 °C (350 °F).
02 Dans un bol, bien mélanger tous les ingrédients de la section **noire**. Wow, ça frétille.
03 Incorporer les ingrédients de la section **grise**.
04 Couvrir une plaque de cuisson de papier parchemin ou d'un tapis en silicone, sinon tout va coller.
05 Déposer la pâte à la cuillère ou à la portionneuse pour créer de belles labriskis.
06 Cuire au four environ 15 minutes.
07 **Avertissement:** la forte odeur qui se dégagera va vous envahir de joie.

Extra de la **Madame**

Si vous aimez la noix de coco, ajoutez-en 25 g (1/4 tasse) dans la section grise.

L'Angélico mi amor

(noisettes et liqueur de Frangelico)

Festive et surprenante, cette galette est prédestinée à épater vos invités. C'est celle avec laquelle on tombe en amour dès la première bouchée. Santé ? Non... Ouiiiiii !

Cuisson : 15 minutes **Four :** 180 °C (350 °F) **Quantité :** 28 galettes de 30 g (1 oz)

150 g (1/2 tasse) de purée de dattes
150 g (1/2 tasse) de compote de pommes non sucrée
1 œuf

2 c. à thé de poudre à pâte
3 c. à soupe de liqueur de Frangelico
3 c. à soupe de café en poudre (instantané) à la noisette

120 g (1 tasse) de farine tout usage sans gluten ou votre farine préférée
30 g (1/4 tasse) de graines de lin broyées
70 g (3/4 tasse) de noisettes en morceaux
50 à 100 g (1/4 à 1/2 tasse) de pépites de chocolat noir

Déco
Quelques demi-noisettes

Tadamski :

01 Préchauffer le four à 180 °C (350 °F).
02 Dans un bol, bien mélanger tous les ingrédients de la section **blanche**.
03 Incorporer les ingrédients de la section **grise**. Observer la légère émulsion et bien brasser.
04 Ajouter les ingrédients de la section **jaune**.
05 Couvrir une plaque de cuisson de papier parchemin ou d'un tapis en silicone, sinon tout va coller.
06 Déposer la pâte à la cuillère ou à la portionneuse pour créer de belles labriskis.
07 Décorer avec une demi-noisette.
08 Cuire au four environ 15 minutes.
09 Profitez de l'odeur alléchante... et offrez-en à tous vos amis qui souffrent d'intolérances alimentaires.

Le saviez-vous ? Il existe de délicieuses pépites de chocolat sans produits laitiers.

La **Psst-psst-pistache salée**

(pistaches et chocolat)

Avec un nom aussi chantant, cette galette est digne de devenir l'hymne national de la pistache. Sucrée-salée, sa texture est l'incarnation de la perfection. À vos pistaches!

Cuisson: 15 minutes **Four:** 180 °C (350 °F) **Quantité:** 20 galettes de 30 g (1 oz)

150 g (1/2 tasse) de purée de dattes
60 g (1/4 tasse) de boisson végétale (ou de lait)
1 œuf
1/2 c. à soupe de poudre à pâte
1/8 c. à thé de fleur de sel
60 g (1/2 tasse) de farine tout usage sans gluten ou votre farine préférée
30 g (1/4 tasse) de farine de noix de coco
60 g (1/2 tasse) de pistaches écalées (salées ou non)
100 g (1/2 tasse) de pépites de chocolat (voir **Astuce santé**)

Déco
Pépites de chocolat noir et/ou pistaches

Tadamski:

01 Préchauffer le four à 180 °C (350 °F).
02 Dans un bol, bien mélanger tous les ingrédients.
03 Couvrir une plaque de cuisson de papier parchemin ou d'un tapis en silicone, sinon tout va coller.
04 Déposer la pâte à la cuillère ou à la portionneuse pour créer de belles labriskis.
05 Décorer chacune des galettes avec une pépite de chocolat ou une pistache.
06 Cuire au four environ 15 minutes.
07 Je vous le dis, c'est le coup du siècle. Ha! Ha! Ha!

Astuce santé

Avec du chocolat noir, le bonheur est encore plus intense.

L'**Emporte-moi**

(cacao et pacanes)

Inspirée des célèbres *Turtles*, cette Labriskinnerie sans œufs sera une puissante source de petits cris de joie. Amusez-vous… à l'emporte-pièce !

Cuisson : 15 minutes **Four :** 180 °C (350 °F)
Quantité : 20 biscuits de 18 g (2/3 oz), coupés avec des emporte-pièces amusants

Les galettes-biscuits

150 g (1/2 tasse) de purée de dattes
75 g (1/4 tasse) de compote de pommes non sucrée
1 c. à soupe d'essence de caramel artificiel
2 c. à soupe de graines de chia
55 g (1/2 tasse) de poudre de pacanes
25 g (1/4 tasse) de cacao
75 g (1/2 tasse) de farine tout usage sans gluten ou votre farine préférée

Pour jazzer et ajouter du bonheur

Environ 2 c. à soupe de cacao (à mettre sur la surface de travail)
Environ 2 c. à soupe de pacanes moulues
Environ 2 c. à soupe de pépites de chocolat (ou de caramel Skor ou sans produits laitiers)
Quelques pacanes entières pour impressionner (facultatif)

Tadamski :

01 Préchauffer le four à 180 °C (350 °F).
02 Dans un bol, bien mélanger tous les ingrédients des biscuits jusqu'à l'obtention d'une belle boule de pâte. (Miam, miam, c'est bon sur les doigts !)
03 Mettre un peu de cacao sur la surface de travail et sur vos mains (oui, oui, à la place de la farine).
04 Prendre la boule de pâte et l'aplatir avec un rouleau à pâtisserie pour obtenir une pâte de 1 cm (1/3 po) d'épaisseur.
05 Saupoudrer la surface de pacanes moulues et d'un peu de pépites de caramel ou de chocolat, et bien aplatir avec la main.
06 Hourra ! Le moment est venu de découper à l'emporte-pièce.
07 Si désiré, décorer avec une pacane entière.
08 Déposer sur une plaque de cuisson recouverte d'un papier parchemin ou d'un tapis en silicone, sinon tout va coller.
09 Cuire au four environ 15 minutes.
10 Savourez ce doux moment créatif avec vos enfants… ou ceux des autres.

L'Aveline-noisette

(noisettes chocolatées et quinoa)

Qu'on se le dise, les avelines et les noisettes sont la même noix. Non! Oui. C'est la même chose? Oui. Dois-je le répéter? Aveline = noisette. Noisette = aveline. Une galette carrée? Mais oui. Ha! Ha! Ha!

Cuisson: 15 minutes **Four:** 180 °C (350 °F) **Quantité:** 18 rectangles de 25 g (1 oz)

200 g (2/3 tasse) de purée de dattes
1 œuf
Une bonne pincée de sel
40 g (1/4 tasse) de graines de chia
100 g (1 tasse) de flocons de quinoa ou d'avoine à cuisson rapide certifiée sans gluten
100 g (1 tasse) de noisettes moulues
100 g (1/2 tasse) de pépites de chocolat noir

Déco (facultatif)
Pépites de chocolat et/ou avelines-noisettes

Tadamski :

01 Préchauffer le four à 180 °C (350 °F).
02 Dans un bol, bien mélanger tous les ingrédients.
03 Couvrir une plaque de cuisson de papier parchemin ou d'un tapis en silicone, sinon tout va coller.
04 Étendre la pâte sur la plaque à 2,5 cm (1 po) d'épaisseur et bien la compresser.
05 Si désiré, décorer avec des pépites de chocolat et des avelines-noisettes.
06 Cuire au four environ 15 minutes.
07 Ça sent bon. Le défi: laisser refroidir un peu avant de couper et de déguster.

Truc de la Madame

Coupez vos barres avec un coupe-pizza.

Un **déjeuner** énergisant, ça donne des ailes !

Les **Tartinades à la folie**

Des calories vides pour commencer la journée ? Non de non. Ne dites pas à mes enfants qu'ils mangent sans sucre ajouté, ils pensent que c'est du chocolat et du caramel… Chuuuut ! De la pure folie en bouche.

Noisella

(noisettes et cacao)

130 g (1 tasse) de noisettes non salées
150 g (1/2 tasse) de purée de dattes
25 g (1/4 tasse) de cacao

Caramellosel

(noix de cajou et essence de caramel)

130 g (1 tasse) de noix de cajou crues
150 g (1/2 tasse) de purée de dattes
1/2 à 1 c. à soupe d'essence de caramel artificiel
1/8 c. à thé de fleur de sel (facultatif)

CaféCrounche

(amandes et café)

130 g (1 tasse) d'amandes nature non salées
150 g (1/2 tasse) de purée de dattes
3 c. à soupe d'expresso court ou
1 1/2 c. à soupe de café en poudre (instantané)

Cuisson : 15 minutes **Four :** 180 °C (350 °F)
Quantité : 300 g (1 1/4 tasse)

Tadamski :

01 Préchauffer le four à 180 °C (350 °F).
02 Mettre les noix sur une plaque de cuisson et les faire griller au four 15 minutes.
03 Si désiré, les frotter pour enlever la peau.
04 Les passer au robot culinaire ou au mini-hachoir pour les transformer en poudre.
05 Mettre tous les ingrédients dans un bol et mélanger.
06 Pour une texture plus lisse, ajouter un peu d'eau et passer au pied-mélangeur.
07 Oh que c'est bon ! Saurez-vous y résister ?
08 Se conserve au réfrigérateur dans un plat fermé hermétiquement.

La **Puissance macatinale**

(céréales, dattes, maca et noix de coco grillée)

Des carrés (ou rectangles) énergisants à souhait qui complètent bien un déjeuner. Une idée savoureusement originale des plus stimulantes. À go, propulsez votre journée!

Cuisson: 20 minutes **Four:** 180 °C (350 °F) **Quantité:** 16 carrés de 5 cm (2 po)

150 g (1/2 tasse) de purée de dattes
230 g (1 tasse) de boisson végétale (ou de lait)
40 g (1/4 tasse) de graines de chia
2 c. à soupe de poudre de maca cru
2 c. à soupe d'éclats de cacao cru
1 c. à soupe de poudre de grillons (facultatif)
50 g (1 tasse) de flocons Mesa Sunrised (de style *corn flakes*)
50 g (1/2 tasse) de flocons de quinoa ou d'avoine à cuisson rapide sans gluten
75 g (1/2 tasse) de dattes coupées en morceaux
45 g (1/2 tasse) de flocons de noix de coco rôtie
35 g (1/4 tasse) de graines de tournesol

Tadamski :

01 Préchauffer le four à 180 °C (350 °F).
02 Dans un bol, bien mélanger tous les ingrédients. C'est tout!
03 Recouvrir un moule à cuisson carré de 20 cm (8 po) de papier parchemin ou d'un léger corps gras, sinon tout va coller.
04 Cuire au four environ 20 minutes.
05 Laisser refroidir et couper en 16 portions.
06 Ça commence bien la journée.

Le saviez-vous?

Naturelle et tonifiante, la poudre de maca est riche en bienfaits. Son goût rappelle la noisette et le caramel.

Coup de cœur
Madame Labriski

La **Conviviale écarlate**

(cerises et avoine)

Bing, bang ! Bing bang ! On met tout dans la poêle et on met la poêle sur la table. Attention, c'est chaud… et surtout bon dans le bedon. Sourires à l'horizon.

Cuisson : 8 minutes + 20 minutes **Four :** 180 °C (350 °F) **Quantité :** 4 à 6 portions

Les cerises
1 c. à soupe d'huile
2 c. à soupe de purée de dattes
350 g (2 1/2 tasses) de cerises douces foncées surgelées
1/2 c. à soupe de fécule de maïs (facultatif)

La pâte
150 g (1/2 tasse) de purée de dattes
75 g (1/4 tasse) de compote de pommes non sucrée
1 œuf
2 c. à thé de poudre à pâte
2 c. à soupe de graines de lin broyées
50 g (1/2 tasse) de farine d'avoine certifiée sans gluten ou votre farine préférée
50 g (1/2 tasse) de flocons d'avoine sans gluten (ou régulière)

Déco
Quelques gros flocons d'avoine (facultatif)

Tadamski :

01 Préchauffer le four à 180 °C (350 °F).
02 Sur la cuisinière, à feu moyen, dans une poêle de 23 cm (9 po) de diamètre et de 2,5 cm (1 po) de hauteur pouvant aller au four, faire chauffer l'huile et ajouter tous les autres ingrédients de la section **noire** (cerises).
03 Mélanger et laisser chauffer environ 8 minutes.
04 Pendant ce temps, préparer la pâte. Dans un bol, bien mélanger tous les ingrédients de la section **grise** (la pâte). C'est tout !
05 Verser la pâte dans la poêle sur les cerises. Si désiré, décorer de quelques flocons d'avoine.
06 Cuire au four environ 20 minutes… et servir.
07 C'est officiel : ça sent la convivialité fruitée.

Astuce **gourmande**

La Conviviale écarlate se savoure également en dessert. Avec une boule de lait glacé, c'est le pied.

Le **Pain d'or**

(pain doré Labriski – Ha ! Ha ! Ha !)

Richesse québécoise, le pain doré (ou perdu) retrouve ici toutes ses lettres de noblesse avec sa robe sucrée à la purée de dattes. Que souhaiter de plus ?

Cuisson : quelques minutes **Cuisinière :** à feu moyen **Quantité :** 4 tranches de Pain d'or

Préparation
100 g (1/3 tasse) de purée de dattes
60 g (1/4 tasse) de boisson végétale (ou de lait)
1 œuf
1 c. à soupe de graines de chia

Pratique
1 c. à soupe d'huile
4 tranches de pain

Garniture, au goût
Fruits de saison, les fantaisies de la page 193 ou le Stauffe aux fraises de la page 191.

Tadamski :

01 Dans un bol, bien mélanger tous les ingrédients de la préparation.
02 Dans une poêle, à feu moyen, faire chauffer l'huile.
03 Tremper une tranche de pain dans la préparation et la faire dorer dans la poêle. Retourner pour dorer de l'autre côté.
04 Répéter avec les autres tranches de pain.
05 Garnir à votre guise.
06 Si ça sent bon dans la maison ? Tellement.

Au menu de la Madame

Coulis au chocolat pétant de santé (page 193) et fraises fraîches.

Le **Holà quinoa !**

(céréales chaudes de quinoa)

**Du quinoa chaud pour commencer la journée ? Et pourquoi pas !
C'est différent et tellement nourrissant. En plus, on peut en préparer à l'avance.
Bonjour énergie éternelle, holà quinoa !**

Cuisson : 15 minutes + 5 minutes à feu éteint **Cuisinière :** à feu moyen
Quantité : 2 portions de 150 g (2/3 tasse)

100 g (1/2 tasse) de quinoa
100 g (1/3 tasse) de purée de dattes
230 g (250 ml) de boisson végétale ou d'eau (ou de lait)
1 c. à soupe d'extrait de vanille pur

Garniture, au goût
Petits fruits, fruits séchés, graines, épices, etc.

Tadamski :

01 Mettre le quinoa dans une passoire et bien le rincer.
02 Le déposer dans une casserole avec la purée de dattes, la boisson végétale et la vanille.
03 Porter à ébullition à feu moyen-élevé, puis diminuer à feu moyen-doux et faire cuire, à découvert, de 10 à 15 minutes, selon les instructions inscrites sur l'emballage.
04 Éteindre le feu, couvrir et laisser gonfler environ 5 minutes.
05 On sait que le quinoa est cuit lorsque les grains sont translucides et que le germe blanc est sorti.
06 Garnir à souhait, selon l'envie du moment.

Au menu de la Madame

Bleuets frais, banane, noix de coco et graines de citrouille. Miamski !

La **Granolongue durée**

(avoine, fruits secs, gingembre et maca)

Des granolas Labriski ? Oui. Quand c'est sans sucre ajouté, l'énergie est de meilleure qualité. Vive la purée de dattes et ses possibilités croustillantes !

Cuisson : 2 x 12 minutes + 1 heure à feu éteint **Four :** 180 °C (350 °F)
Quantité : 450 g (4 tasses)

75 g (1/4 tasse) de purée de dattes
75 g (1/3 tasse) de boisson végétale (ou de lait)

2 c. à soupe de graines de chia
1/2 c. à thé de gingembre moulu (ou plus, au goût)
2 c. à soupe de poudre de maca cru (facultatif)
2 c. à soupe d'éclats de cacao cru (facultatif)
Une pincée de sel
100 g (1 tasse) de gros flocons d'avoine certifiée sans gluten ou régulière
50 g (1/4 tasse) de céréales soufflées (quinoa, riz... ce que vous aimez)
65 g (1/2 tasse) de canneberges séchées ou de raisins secs
40 g (1/2 tasse) de flocons de noix de coco rôtie
113 g (1 sachet) de mélange de fruits séchés du commerce (canneberges, bleuets et cerises de terre)

Tadamski :

01 Préchauffer le four à 180 °C (350 °F).
02 Dans un grand bol, bien mélanger tous les ingrédients de la section **blanche**.
03 Incorporer tous les ingrédients de la section **grise**.
04 Recouvrir une plaque de cuisson de papier parchemin ou d'un léger corps gras.
05 Étendre les céréales sur la plaque.
06 Cuire au four environ 12 minutes, puis brasser les céréales et cuire à nouveau 12 minutes.
07 Fermer le four et laisser les céréales reposer à l'air chaud pendant au moins 1 heure.
08 Et voilà : une bonne Granolongue durée croustillante.

Truc de la Madame

On conserve ces céréales dans un plat hermétique dans le garde-manger. C'est bon, bon, bon !

Le **Pouding au chia** à la **Bomba Rosa**

(cacao, framboise et noix de coco)

Elle n'a pas fait ça, la Madame Labriski ? Oh que oui. Après le succès de la galette du même nom, voici une version pouding au chia tout aussi délicieuse. Une bonne recette, c'est une bonne recette.

Cuisson : aucune **Réfrigération :** 30 minutes **Quantité :** 1 grosse portion ou 2 petites

2 c. à soupe de purée de dattes
230 g (1 tasse) de boisson végétale (ou de lait)
40 g (1/4 tasse) de graines de chia
2 c. à soupe de cacao
2 c. à soupe de flocons d'avoine certifiée sans gluten ou de quinoa
75 g (2/3 tasse) de framboises fraîches ou surgelées
2 c. à soupe de flocons de noix de coco rôtie
1 à 2 c. à thé d'éclats de cacao cru (facultatif)

Tadamski :

01 Dans un bol, bien mélanger tous les ingrédients.
02 Réfrigérer au moins 30 minutes. C'est tout !
03 Au moment de servir, verser dans de petits bols et décorer à souhait.

Astuce **décadente**

Ajouter 50 g (1/4 tasse) de pépites de chocolat.

Le **Bouddha déjeune**

(rouleaux à ce que vous voulez)

Éveillez-vous ! C'est l'heure de faire de sa vie une grande épopée. Ça commence par de sérieux rouleaux qui donnent une envie forte et très zen de sourire à la vie.

Cuisson : 25 minutes **Four :** 180 °C (350 °F)
Quantité : 1 rouleau à trancher (10 à 12 petites portions… ou 5 à 6 grosses !)

75 g (1/4 tasse) de purée de dattes
230 g (1 tasse) de boisson végétale (ou de lait)
1 banane bien mûre écrasée à la fourchette
2 c. à soupe de graines de lin moulues
3 c. à soupe de poudre de baies de goji (facultatif)
1/4 c. à thé de cannelle moulue
Une pincée de sel
100 g (1 tasse) de flocons d'avoine certifiée sans gluten ou régulière
40 g (1/4 tasse) de graines de chia
30 g (1/4 tasse) de chanvre écalé
20 g (1/4 tasse) de noix de coco non sucrée, râpée moyen

Tadamski :

01 Préchauffer le four à 180 °C (350 °F).
02 Dans un bol, bien mélanger tous les ingrédients. C'est tout ? Oui.
03 Recouvrir une plaque de cuisson de papier parchemin ou d'un léger corps gras, sinon tout va coller.
04 Étendre la pâte.
05 Cuire au four environ 25 minutes.
06 Laisser refroidir un peu.
07 Humidifier un linge propre et l'étendre sur la surface de travail.
08 Démouler la préparation et la déposer sur le linge humide.
09 Enrouler le tout et laisser reposer jusqu'à ce que le rouleau soit froid.
10 Pendant ce temps, cuisiner la tartinade de votre choix (page 47).
11 Une fois le rouleau refroidi, le dérouler et y étendre la garniture de vos rêves. Ha ! Ha ! Ha !
12 Rouler de nouveau et transformer votre rouleau en Bouddha déjeune en le coupant en tranches.
13 Miam, miam, miam.
14 Se conserve au réfrigérateur dans un contenant hermétique.

Au menu de la Madame

De la Noisella (page 47) et du Stauffe aux fraises (page 191).

L'**Haltère et go !**

(bleuets, graines de tournesol et quinoa)

Voici votre alter ego matinal. Véritable symphonie de fraîcheur et de saveurs, il constitue aussi une bonne source de protéines. C'est officiel : *power is in the air.*

Cuisson : 1 heure 10 minutes **Four :** 180 °C (350 °F) **Quantité :** 1 pain de 30 x 13 cm (12 x 5 po)

150 g (1/2 tasse) de purée de dattes
150 g (1/2 tasse) de compote de pommes non sucrée
1 œuf
180 g (3/4 tasse) d'eau

1 c. à soupe de poudre à pâte
Une pincée de sel

60 g (1/2 tasse) de graines de tournesol écalées
75 g (1/2 tasse) de graines de tournesol écalées et moulues
40 g (1/4 tasse) de graines de chia
50 g (1/2 tasse) de flocons d'avoine à cuisson rapide certifiée sans gluten
60 g (1/2 tasse) de farine de quinoa ou votre farine préférée
280 g (2 tasses) de bleuets frais ou surgelés, ou un mélange des deux, légèrement farinés

Déco
Bleuets et graines de tournesol

Tadamski :

01 Préchauffer le four à 180 °C (350 °F).
02 Dans un bol, bien mélanger tous les ingrédients de la section **noire**.
03 Ajouter les ingrédients de la section **grise**, observer l'émulsion et bien remuer.
04 Incorporer les ingrédients de la section **blanche**.
05 Couvrir un moule à pain de 30 x 13 cm (12 x 5 po) de papier parchemin ou d'un léger corps gras, sinon tout va coller.
06 Décorer avec des bleuets et des graines de tournesol.
07 Cuire au four environ 1 heure 10 minutes.
08 Attendre et profiter de l'odeur alléchante.
09 Mama mia que ça va être bon.

Le **saviez-vous ?**

Finement moulues, vos graines et noix préférées se transforment en farine.

Le **Naturel et puissant**

(dattes, graines de citrouille et chanvre écalé)

Riche en fibres et en protéines, ce pain-déjeuner arrive dans vos vies sur un plateau d'argent. Prendre soin de soi n'aura jamais été aussi facile. Bon régal matinal!

Cuisson: 45 minutes **Four:** 180 °C (350 °F) **Quantité:** 1 pain-déjeuner de 23 x 13 cm (9 x 5 po)

225 g (1/2 tasse) de purée de dattes
175 g (3/4 tasse) de boisson végétale (ou de lait)
1 œuf
2 c. à thé de poudre à pâte
1 c. à soupe d'extrait de vanille pur
Une pincée de sel
180 g (1 1/2 tasse) de farine d'épeautre ou votre farine préférée
60 g (1/2 tasse) d'amandes entières naturelles
40 g (1/4 tasse) de graines de chia
30 g (1/4 tasse) de chanvre écalé
100 g (2/3 tasse) de dattes séchées en morceaux
80 g (2/3 tasse) de graines de citrouille écalées salées

Déco (facultatif)
Dattes et/ou graines de citrouille

Tadamski :

01 Préchauffer le four à 180 °C (350 °F).
02 Dans un bol, bien mélanger tous les ingrédients. C'est tout!
03 Recouvrir un moule à pain de 23 x 13 cm (9 x 5 po) de papier parchemin ou l'enduire d'un léger corps gras, sinon tout va coller.
04 Si désiré, décorer avec des dattes et des graines de citrouille.
05 Cuire au four environ 45 minutes. Humer comme ça sent bon.
06 Est-ce que ce pain est moelleux? Non. Il sera surtout nourrissant.

Astuce santé
Pour encore plus d'énergie, pimpez votre portion de votre tartinade Labriski préférée (page 47).

Truc de la Madame
Des dattes, c'est collant. Coupez-les avec des ciseaux.

La **Fleur de rocher**

(amandes et petits fruits secs)

Chaque matin, offrez-vous une fleur. Optez pour un déjeuner aussi consistant que rapide à engloutir. Quelques bouchées et vous serez solide comme le roc. Foncez!

Cuisson: 30 minutes **Four:** 180 °C (350 °F) **Quantité:** 6 portions

150 g (1/2 tasse) de purée de dattes
175 g (3/4 tasse) de boisson végétale (ou de lait)
1 œuf
2 c. à thé de poudre à pâte
1/2 c. à soupe d'extrait d'amande pur
1/4 c. à thé de cannelle moulue
2 c. à soupe de graines de chia
Une pincée de sel
120 g (1 tasse) de farine tout usage sans gluten ou votre farine préférée
60 g (1/2 tasse) d'amandes entières naturelles
65 g (1/4 tasse) de graines de citrouille écalées salées
65 g (1/2 tasse) de raisins secs
113 g (2/3 tasse) de mélange de fruits séchés* (canneberges, bleuets, cerises de terre)

Déco
Noix et fruits séchés

Tadamski :

01 Préchauffer le four à 180 °C (350 °F).
02 Dans un bol, bien mélanger tous les ingrédients. C'est tout!
03 Couvrir un moule à tarte ou à quiche rond de 23 cm (9 po) de diamètre et 2,5 cm (1 po) de hauteur de papier parchemin ou d'un léger corps gras, sinon tout va coller.
04 Décorer de noix et de fruits séchés. Soyez concept, créez une fleur.
05 Cuire au four environ 30 minutes.
06 Essayez de laisser refroidir avant de goûter. (C'est pas toujours facile.)
07 Ça commence bien la journée.

Le **saviez-vous?**

* Il existe un mélange offert en épicerie. Sinon, optez pour vos fruits séchés préférés.

Y'a de la joie dans un muffin riche en fibres !

Le **Pop pop ton potentiel**

(beurre d'amande et petits fruits)

En lisant « potentiel », on entend le mot « ciel »… comme le goût de ce muffin, à l'image de toute la force qui réside en vous. Wow ! C'est puissant. Comme ce délice fruité. Bonne journée !

Cuisson : 25 minutes **Four :** 180 °C (350 °F) **Quantité :** 12 gros muffins

150 g (1/2 tasse) de purée de dattes
150 g (1/2 tasse) de beurre d'amande naturel
60 g (1/4 tasse) de boisson végétale (ou de lait)
1 œuf
1/2 c. à soupe de poudre à pâte
Une pincée de sel

120 g (1 tasse) de farine sans gluten ou votre farine préférée
40 g (1/4 tasse) de graines de chia
140 g (1 tasse) de bleuets et/ou de framboises surgelées
60 g (1/2 tasse) de bleuets séchés
50 g (1/2 tasse) de poudre d'amandes

Déco
Bleuets et/ou framboises

Tadamski :

01 Préchauffer le four à 180 °C (350 °F).
02 Dans un bol, bien mélanger tous les ingrédients de la section **noire**.
03 Incorporer les ingrédients de la section **grise**.
04 Mettre des caissettes en papier parchemin ou en silicone dans le moule à muffins, sinon tout va coller.
05 Verser la pâte dans les moules. Décorer avec un petit fruit.
06 Cuire au four environ 25 minutes.
07 Oh que c'est bon… mais oui, ça goûte le ciel.

Allergique aux **noix ?**

Cuisinez ces muffins avec du Wowbutter.

Coup de cœur
Madame labriski

L'Inspirant coco-banane

(banane, noix de coco et choco)

Texture de feu. Goût parfait. On dirait de la haute cuisine sans gluten digne des plus grands chefs… mais ici, le maître, c'est vous. Allez ! Mélangez tout et savourez votre talent.

Cuisson : 30 minutes **Four :** 180 °C (350 °F) **Quantité :** 10 gros muffins

150 g (1/2 tasse) de purée de dattes
2 bananes écrasées à la fourchette
155 g (2/3 tasse) de boisson végétale (ou de lait)
1 œuf
1/2 c. à soupe de poudre à pâte
Une pincée de sel

90 g (3/4 tasse) de farine sans gluten ou votre farine préférée
30 g (1/4 tasse) de farine de noix de coco
40 g (1/4 tasse) de graines de chia
25 g (1/4 tasse) de noix de coco non sucrée, râpée moyen
50 g (1/2 tasse) de pépites de chocolat noir (ou au lait)

Déco
Noix de coco

Tadamski :

01 Préchauffer le four à 180 °C (350 °F).
02 Dans un bol, bien mélanger tous les ingrédients de la section **noire**.
03 Incorporer les ingrédients de la section **grise**.
04 Mettre des caissettes en papier parchemin ou en silicone dans le moule à muffins, sinon tout va coller.
05 Verser la pâte dans les moules. Décorer avec de la noix de coco.
06 Cuire au four environ 30 minutes.
07 Reconnaissez-vous cette odeur alléchante ? C'est celle de l'inspiration.

Le **Savoir-faire de fer**

(sarrasin et dattes)

Bang ! Pouf ! Bing bang paf ! Cette recette naturellement sans gluten est une tornade de fer. Sortez votre savoir-faire et montrez-nous à qui on a à faire... en cuisine. Ça sera « fermeilleux ! »

Cuisson : 30 minutes **Four :** 180 °C (350 °F) **Quantité :** 12 muffins de 55 g (2 oz)

150 g (1/2 tasse) de purée de dattes
115 g (1/2 tasse) de boisson végétale (ou de lait)
1 œuf
1/2 c. à soupe de poudre à pâte
1 c. à soupe d'extrait de caramel artificiel (facultatif)
Une pincée de sel

150 g (1 tasse) de farine de sarrasin
25 g (1/4 tasse) de graines de lin moulues
100 g (1/2 tasse) de dattes dénoyautées coupées en morceaux
2 c. à soupe de sarrasin germé (facultatif)

Déco

6 dattes dénoyautées coupées en deux

Tadamski :

01 Préchauffer le four à 180 °C (350 °F).
02 Dans un bol, bien mélanger tous les ingrédients de la section **blanche**.
03 Incorporer les ingrédients de la section **grise**.
04 Mettre des caissettes en papier parchemin ou en silicone dans le moule à muffins, sinon tout va coller.
05 Verser la pâte dans les moules. Décorer avec 1/2 datte.
06 Cuire au four environ 30 minutes.

Le saviez-vous ?

Le sarrasin germé ajoute du croquant sans allergènes. On aime ça.

Le **BettyBette**

(poudre de betterave crue, épices et raisins secs)

Ce délice d'automne ajoute de la couleur et une énergie positive à la « amenez-en-des-beaux-projets » à nos matins frisquets. Vive la poudre de betterave crue et ses bienfaits.

Cuisson : 30 minutes **Four :** 180 °C (350 °F) **Quantité :** 12 muffins

150 g (1/2 tasse) de purée de dattes
345 g (1 1/2 tasse) de boisson végétale (ou de lait)
1 œuf
1/2 c. à soupe de poudre à pâte
1/2 à 1 c. à thé de quatre-épices*
Une pincée de sel

120 g (1 tasse) de farine sans gluten ou votre farine préférée
50 g (1/3 tasse) de poudre de betterave crue (betteraves déshydratées)
25 g (1/4 tasse) de gros flocons d'avoine certifiée sans gluten
30 g (1/4 tasse) de graines de lin broyées
40 g (1/4 tasse) de raisins de Corinthe secs

Déco
Gros flocons d'avoine

Tadamski :

01 Préchauffer le four à 180 °C (350 °F).
02 Dans un bol, bien mélanger tous les ingrédients de la section **noire**.
03 Incorporer les ingrédients de la section **grise**.
04 Mettre des caissettes en papier parchemin ou en silicone dans le moule à muffins, sinon tout va coller.
05 Verser la pâte dans les moules. Décorer avec quelques flocons d'avoine.
06 Cuire au four environ 30 minutes.
07 Laisser refroidir et… dévorer avec le sourire !

* Cannelle, clou de girofle, gingembre et noix de muscade.

Le **saviez-vous ?**

Le mélange quatre-épices* se vend en épicerie. Il est parfait pour cuisiner.

Le **Jour de chance végane**

(sans œufs, de base)

Vous n'avez plus d'œufs et vous éprouvez une envie torride de cuisiner des muffins sans gluten avec un-petit-je-ne-sais-quoi d'irrésistible ? C'est votre jour de chance.

Cuisson : 25 minutes **Four :** 180 °C (350 °F) **Quantité :** 10 muffins

100 g (1/3 tasse) de purée de dattes
115 g (1/2 tasse) de boisson végétale (ou de lait)
1 c. à soupe d'extrait de vanille pur
1/2 c. à soupe de poudre à pâte
1/2 c. à soupe de vinaigre

75 g (1/2 tasse) de farine de pois chiches
60 g (1/2 tasse) de fécule de tapioca ou de maïs
50 g (1/2 tasse) de poudre d'amandes

Extras

Quelques gouttes d'huile essentielle ou
1 c. à soupe de zeste d'agrume pour parfumer

Déco

Zeste d'agrume

Tadamski :

01 Préchauffer le four à 180 °C (350 °F).
02 Dans un bol, bien mélanger tous les ingrédients de la section **blanche**. Wow, ça frétille.
03 Incorporer les ingrédients de la section **grise** et les extras, si désiré, pour pimper la recette.
04 Mettre des caissettes en papier parchemin ou en silicone dans le moule à muffins, sinon tout va coller.
05 Verser la pâte dans les moules. Si désiré, décorer avec un peu de zeste.
06 Cuire au four environ 25 minutes.

Allergique aux amandes ?

Optez pour de la poudre de noix tigrées ou transformez votre graine préférée en poudre.

Le **Soir d'amour végane**

(sans œufs, base choco-noisette)

**Une base chocolatée végane qui nous rappelle le Nutell…
Un tel vous dira que ça goûte le nirvana et l'autre applaudira le sans gluten.
Qu'à cela ne tienne, l'amour est partout.**

Cuisson : 25 minutes **Four :** 180 °C (350 °F) **Quantité :** 10 muffins

200 g (2/3 tasse) de purée de dattes
115 g (1/2 tasse) de boisson végétale (ou de lait)
1/2 c. à soupe de poudre à pâte
1/2 c. à soupe de vinaigre

75 g (1/2 tasse) de farine de pois chiches ou votre farine préférée
50 g (1/2 tasse) de cacao
65 g (1/2 tasse) de poudre de noisettes
100 g (1/2 tasse) de pépites de chocolat

Déco (facultatif)
Pépites de chocolat

Tadamski :

01 Préchauffer le four à 180 °C (350 °F).
02 Dans un bol, bien mélanger tous les ingrédients de la section **noire**. Wow, ça frétille.
03 Incorporer les ingrédients de la section **grise**.
04 Mettre des caissettes en papier parchemin ou en silicone dans le moule à muffins, sinon tout va coller.
05 Verser la pâte dans les moules et décorer de pépites de chocolat, si désiré.
06 Cuire au four environ 25 minutes.
07 Ça va sentir l'amouuuuur dans la maison !

Truc de la Madame

Transformez toutes vos noix en poudre avec un moulin à café. Amusez-vous !

Le **Pinotte-cacahuèèèèèète**

(avoine et arachides)

Il a beau être délicieux et briller de tous ses éclats, ce muffin n'entrera jamais dans les écoles. Cependant, il sera le chouchou des gérants d'estrade de salon. Ha! Ha! Ha! Régalez-vous à la maison!

Cuisson: 35 minutes (ou 25 minutes) **Four:** 180 °C (350 °F)
Quantité: 12 gros muffins (ou 36 petits)

150 g (1/2 tasse) de purée de dattes
150 g (1/2 tasse) de beurre d'arachide naturel
175 g (3/4 tasse) de boisson végétale (ou de lait)
1 œuf
1/2 c. à soupe de poudre à pâte
Une pincée de sel
50 g (1/2 tasse) de flocons d'avoine à cuisson rapide certifiée sans gluten
100 g (1/2 tasse) d'arachides hachées finement (presque de la poudre)
40 g (1/4 tasse) de graines de chia

Déco
Arachides en morceaux

Tadamski :

01 Préchauffer le four à 180 °C (350 °F).
02 Dans un bol, bien mélanger tous les ingrédients. C'est tout!
03 Mettre des caissettes en papier parchemin ou en silicone dans le moule à muffins, sinon tout va coller.
04 Verser la pâte dans les moules. Décorer avec des morceaux d'arachides.
05 Cuire au four environ 35 minutes pour les muffins réguliers et 25 minutes pour les petits.
06 Faites de cette recette la star de vos collations.

Allergique aux **arachides?**

Optez pour le Wowbutter et des noix de soya grillées.

Le **Oh ! canneberge de mon cœur**

(canneberges de Noël)

Mordre dans le goût acidulé de la surprise qui se cache dans ce muffin est un véritable cadeau en bouche. Profitez de la vie et de ses plaisirs écarlates.

Cuisson : 35 minutes + préparation de la sauce aux canneberges
Four : 180 °C (350 °F) **Quantité :** 12 muffins

150 g (1/2 tasse) de purée de dattes
150 g (1/2 tasse) de compote de pommes non sucrée
115 g (1/2 tasse) de boisson végétale (ou de lait)
2 c. à soupe de graines de chia

1/2 c. à soupe de poudre à pâte
1/2 c. à soupe de vinaigre au choix
150 g (1 1/4 tasse) de farine d'épeautre, de blé ou tout usage sans gluten
90 g (3/4 tasse) de canneberges séchées

Tadamski :

01 Préchauffer le four à 180 °C (350 °F).
02 Préparer la sauce aux canneberges, la Faquentouka, de la page 188.
03 Dans un bol, bien mélanger tous les ingrédients de la section **noire**.
04 Incorporer les ingrédients de la section **grise**.
05 Mettre des caissettes en papier parchemin ou en silicone dans le moule à muffins, sinon tout va coller.
06 Verser la pâte dans les moules sans les remplir. Déposer de la sauce aux canneberges à la cuillère et couvrir de pâte.
07 Cuire au four environ 35 minutes.
08 C'est beau, c'est bon et ça fait chic !

Le **Financier moderne**

(amandes et pamplemousse)

Normalement, les financiers ont la forme de lingot (rectangle). Comme il faut parfois briser les conventions, j'ai pensé que ça irait rondement de les cuisiner dans un moule à muffins.

Cuisson : 25 minutes **Four :** 180 °C (350 °F) **Quantité :** 12 muffins de 30 g (1 oz)

100 g (1/3 tasse) de purée de dattes
4 blancs d'œufs ou 2 œufs entiers
1 c. à thé de poudre à pâte
3 c. à soupe de zeste de pamplemousse
1 c. à soupe de jus de pamplemousse
100 g (1 tasse) de poudre d'amandes
60 g (1/2 tasse) de farine d'avoine sans gluten
25 g (1/4 tasse) d'amandes effilées

Déco (facultatif)
Zeste de pamplemousse
Amandes effilées

Tadamski :

01 Préchauffer le four à 180 °C (350 °F).
02 Dans un bol, bien mélanger tous les ingrédients. C'est tout !
03 Mettre des caissettes en papier parchemin ou en silicone dans le moule à muffins, sinon tout va coller.
04 Verser la pâte dans les moules. Si désiré, décorer avec un peu de zeste et quelques amandes effilées.
05 Cuire au four environ 25 minutes.
06 Vous ferez fortune… dans la joie et le bonheur en bouche ! Ha ! Ha ! Ha !

Un **breuvage** surprenant, ça donne soif de dépassement.

Glacé, le matcha

(matcha et boisson de soya)

Fabuleux. Parfait. J'en veux encore et encore.

Quantité : 250 ml (1 tasse)

2 c. à soupe de purée de dattes
230 g (250 ml) de boisson végétale ou de lait
2 c. à thé de matcha
4 à 5 glaçons

Tadamski :

01 Mettre tous les ingrédients au mélangeur et actionner jusqu'à consistance liquide.
02 Déguster avec un sourire en coin

Chaud, le chocolat !

(cacao et boisson de soya)

Un chocolat chaud sans sucre ajouté ? Ohhhhhhhhhh ! Oui, c'est ça.

Quantité : 250 ml (1 tasse)

2 c. à soupe de purée de dattes
230 g (250 ml) de boisson de végétale chaude ou de lait chaud
1 c. à soupe de cacao
1/8 c. à thé de cannelle moulue (facultatif)

Tadamski :

01 Mettre tous les ingrédients au mélangeur et actionner jusqu'à consistance liquide.
02 Déguster le bonheur… chocolaté.

Mauve nitratomax

(bleuets et poudre de betterave crue)

J'aime la simplicité et goûter les aliments… mais j'ai de la difficulté avec la poudre de betterave crue. Voici une idée riche en nitrates dont nos papilles ne voient pas la bette.

Quantité : 250 ml (1 tasse)

75 g (1/4 tasse) de purée de dattes
140 g (1 tasse) de bleuets surgelés
230 g (250 ml) de boisson végétale ou de lait
1/2 à 1 c. à soupe de poudre de betterave crue (au goût)
1/4 c. à thé de matcha (facultatif)

Tadamski :

01 Mettre tous les ingrédients au mélangeur et actionner jusqu'à consistance liquide.
02 Déguster dans la bonne humeur.

Astuce **santé**	Envie d'un sorbet vivifiant ? Coupez la quantité de liquide en deux.

Rouge Goooooooooji !

(framboises et poudre de baies de Goji)

**De la purée de dattes dans les smoothies ?
Mais oui. À go, on en met partout.
C'est comme les baies de Goji,
y'en a de plus en plus un peu partout.
Riche en antioxydants, c'est bien fait, non ?**

Quantité : 250 ml (1 tasse)

75 g (1/4 tasse) de purée de dattes
140 g (1 1/4 tasse) de framboises surgelées
230 g (250 ml) de boisson végétale ou de lait
1/2 à 1 c. à soupe de poudre de baies de Goji (au goût)

Tadamski :

01 Mettre tous les ingrédients au mélangeur et actionner jusqu'à consistance liquide.
02 Déguster avec amour.

JE
CARBURE
AUX
LABRISKI.
Madame
Labriski

Tous les jours, il faut savoir se faire plaisir et prendre soin de soi.

Aujourd'hui, l'avez-vous fait ?

Pourquoi manger des aliments qui génèrent une moins bonne qualité d'énergie ?

Voilà la raison d'être de la purée de dattes.

KWIKGOAL

adizero

Vive les protéines et vive la force à revendre !

* Les calculs nutritionnels ont été faits avec une boisson de soya.
Ils sont présents pour répondre aux besoins spécifiques des athlètes.

Par portion	
Protéines	**13 g**
Glucides	**30 g**
Fibres	**5 g**

Les **Musclixe à la vanille**

(céréales protéinées)

Après un entraînement de fer ou pour démarrer la journée avec un aplomb béton, ces céréales méritent une médaille d'or. Bon régal!

Cuisson: 2 x 12 minutes + 1 heure au four à feu éteint
Four: 180 °C (350 °F) **Quantité:** 16 portions de 55 g (1/2 tasse)

225 g (3/4 tasse) de purée de dattes
95 g (3/4 tasse) de boisson végétale (ou de lait)
40 g (1/4 tasse) de graines de chia entières
1 à 1 1/2 c. à soupe d'extrait de vanille pur

250 g (2 1/2 tasses) de gros flocons d'avoine certifiée sans gluten ou régulière
48 g (2 1/2 tasses) de céréales soufflées sans gluten ou régulières
100 g (1 tasse) d'amandes effilées
50 g (1/3 tasse) de chanvre écalé cru
120 g (1 tasse) de graines de citrouille non salées
120 g (1 tasse) de mélange de morceaux
de fruits séchés (bleuets, raisins, mangues, dattes, etc.)

90 à 120 g (3 à 4 mesures) de Véga Protéines et légumes verts à la vanille

Tadamski :

01 Préchauffer le four à 180 °C (350 °F).
02 Dans un bol, bien mélanger tous les ingrédients de la section **noire**.
03 Incorporer tous les ingrédients de la section **grise**.
04 Recouvrir une plaque de cuisson de papier parchemin ou d'un léger corps gras.
05 Étendre les céréales sur la plaque.
06 Cuire au four environ 12 minutes, puis brasser les céréales et cuire de nouveau 12 minutes.
07 Fermer le four et laisser les céréales reposer au chaud pendant au moins 1 heure.
08 À la toute fin, ajouter l'ingrédient de la section **jaune** et bien mélanger.
09 Se conserve dans un plat hermétique dans le garde-manger.

Astuce **musclée**

Servie sur du yogourt grec avec des morceaux de fruits frais, cette recette est idéale pour récupérer après l'effort.

Par portion	
Protéines	5 g
Glucides	10 g
Fibres	2 g

La **Triple salto-brownies**

(protéines végétales et triple chocolat)

Cousine germaine de la célèbre Chocogo*, il a fallu des mois de persévérance pour arriver à une version sans produits laitiers. Source follement intense d'endorphines de bonheur.

Cuisson : 30 minutes **Four :** 180 °C (350 °F) **Quantité :** 28 portions de 30 g (1 oz)

150 g (1/2 tasse) de purée de dattes
350 g (1 1/2 tasse) de boisson végétale (ou de lait)
1 œuf
1/2 c. à soupe de poudre à pâte
Une pincée de sel
60 g (1/2 tasse) de farine tout usage sans gluten ou votre farine préférée
115 g (1 tasse) de protéines de pois en poudre
50 g (3/4 tasse) de cacao
50 g (1/2 tasse) de poudre d'amandes
100 à 200 g (1/2 à 1 tasse) de pépites de chocolat noir
et/ou blanc (sans produits laitiers) (ou de pépites de chocolat au lait)

Déco (facultatif)
Pépites de chocolat

Tadamski :

01 Préchauffer le four à 180 °C (350 °F).
02 Dans un bol, bien mélanger tous les ingrédients.
03 Couvrir une plaque de cuisson de papier parchemin ou d'un tapis en silicone, sinon tout va coller.
04 Étendre la pâte sur une plaque à 2,5 cm (1 po) d'épaisseur et bien la compresser.
05 Si désiré, décorer de pépites de chocolat.
06 Cuire au four environ 30 minutes.
07 Laisser refroidir et couper à l'aide d'un coupe-pizza en 28 morceaux de 4 x 5 cm (1 1/2 x 2 po).

Par portion*	
Protéines	3 g
Glucides	6 g
Fibres	1 g

La **Bûche-ton-cardio**

(protéines de pois et ce que vous voulez)

C'est fou comme c'est fondant. C'est presque un rêve en bouche et ça fait changement. J'aime en manger avant d'aller courir tôt le matin… ça m'en « bûche » un coin.

Cuisson : 20 minutes **Four :** 180 °C (350 °F) **Quantité :** 1 bûchette de 38 g (1 1/3 oz)

150 g (1/2 tasse) de purée de dattes
1 œuf
175 g (1 1/2 tasse) de boisson végétale (ou de lait)

1 à 2 c. à thé de poudre à pâte
Une pincée de sel

100 g (1 tasse) de protéines de pois en poudre
60 g (1/2 tasse) de farine tout usage sans gluten ou d'épeautre

Tadamski :

01 Préchauffer le four à 180 °C (350 °F).
02 Dans un bol, bien mélanger tous les ingrédients de la section **noire**.
03 Ensuite, incorporer les ingrédients de la section **grise** et, enfin, de la section **jaune**.
04 Recouvrir une plaque de cuisson de papier parchemin ou d'un léger corps gras, sinon tout va coller.
05 Étendre la pâte sur la plaque sur 1,5 cm (1/2 po) d'épaisseur et 17 cm (6 1/2 po) de longueur.
06 Cuire au four environ 20 minutes.
07 Laisser refroidir un peu.
08 Humidifier un linge propre et l'étendre sur la surface de travail.
09 Prendre le gâteau en soulevant le papier parchemin pour le démouler et le déposer sur le linge humide. Enlever le papier.
10 Enrouler le gâteau dans le linge humide et le laisser reposer jusqu'à ce qu'il soit froid.
11 Pendant ce temps, préparer les garnitures : pages 47, 188, 191 ou 193.
12 Une fois la future bûche refroidie, dérouler et étendre votre garniture préférée.
13 Rouler de nouveau.
14 Le moment venu, découper en tranches.

Au menu de la Madame

Wowbutter et Stauffe aux fraises de la page 191.

* Ces informations nutritionnelles ne concernent que la pâte.

Par portion	
Protéines	4 g
Glucides	9 g
Fibres	2 g

La **Cucarachide**

(avoine, grillons, beurre d'arachide en poudre)

Une galette tendance qui donne le goût de danser sportivement. Ha ! Ha ! Ha ! On est fou. On aime les défis et on se donne à fond. Voilà le résultat… disons musclé.

Cuisson : 15 minutes **Four :** 180 °C (350 °F) **Quantité :** 15 galettes de 30 g (1 oz)

100 g (1/3 tasse) de purée de dattes
75 g (1/3 tasse) de boisson végétale (ou de lait)
1 œuf
1 c. à soupe d'extrait de vanille pur ou de caramel artificiel
2 c. à thé de poudre à pâte
Une pincée de sel

100 g (1 tasse) de farine d'avoine certifiée sans gluten ou votre farine préférée
24 g (1/4 tasse) de beurre d'arachide en poudre
24 g (1/4 tasse) de poudre de grillons
2 c. à soupe de graines de chia
2 c. à soupe de chanvre écalé
50 g (1/4 tasse) de pépites de chocolat ou de beurre d'arachide (ou de pépites de caramel)

Tadamski :

01 Préchauffer le four à 180 °C (350 °F).
02 Dans un bol, bien mélanger tous les ingrédients de la section **blanche**.
03 Incorporer les ingrédients de la section **grise**.
04 Couvrir une plaque de cuisson de papier parchemin ou d'un tapis en silicone, sinon tout va coller.
05 Déposer la pâte à la cuillère ou à la portionneuse pour créer de belles labriskis.
06 Cuire au four environ 15 minutes.
07 Partez à la conquête de vos exploits sportifs. Goooooo !

Par portion	
Protéines	2 g
Glucides	7 g
Fibres	1 g

La **Bibitte pockette**

(protéines de soya, grillons et café)

Des grillons qui rappellent le goût de la barre de chocolat Coffee Crips. Mettez-en dans vos poches et partez envahir les podiums. Ha ! Ha ! Ha !

Cuisson : 10 minutes **Four :** 180 °C (350 °F) **Quantité :** 30 portions 10 g (1/2 oz)

150 g (1/2 tasse) de purée de dattes
50 g (1/2 tasse) de poudre d'amandes ou de noix tigrées
60 g (1/2 tasse) de boisson de soya en poudre
1 expresso court ou 3 c. à soupe de café filtre ou 1 c. à soupe de café en poudre (instantané)
10 à 20 dattes séchées coupées en dés
1 à 2 c. à soupe de poudre de grillons
Une pincée de sel

Déco (facultatif)

25 g (1/4 tasse) de poudre d'amandes

Tadamski :

01 Préchauffer le four à 180 °C (350 °F).
02 Dans un bol, bien mélanger tous les ingrédients de la section **noire**.
03 La pâte devrait former une belle boule au fond du bol.
04 Enduire les mains d'un léger corps gras (huile végétale) pour manipuler la pâte.
05 Façonner 30 petites boules et les aplatir, ou pas.
06 Si désiré, les rouler dans de la poudre d'amandes (section **grise**).
07 Couvrir une plaque de cuisson de papier parchemin ou d'un tapis en silicone, sinon tout va coller.
08 Déposer vos créations sur la plaque.
09 Cuire au four environ 10 minutes.

Astuce **performante**

Deux ou trois Bibittes pockettes après l'entraînement, c'est champion.

Par portion	
Protéines	2 g
Glucides	4 g
Fibres	1 g

La **Verte pockette**

(protéines de soya, amandes et matcha)

Énergie de poche. Après l'entraînement, elle a le pouvoir de vous faire patienter jusqu'au prochain repas s'il n'est pas trop éloigné dans le temps. Zen comme solution.

Cuisson : 10 minutes **Four :** 180 °C (350 °F) **Quantité :** 24 portions 10 g (1/2 oz)

150 g (1/2 tasse) de purée de dattes
50 g (1/2 tasse) de poudre d'amandes ou de noix tigrées
60 g (1/2 tasse) de boisson de soya en poudre
1 à 2 c. à soupe de matcha (au goût)
Une pincée de sel

Déco (facultatif)
25 g (1/4 tasse) de poudre d'amandes
1 c. à soupe de matcha

Tadamski :

01 Préchauffer le four à 180 °C (350 °F).
02 Dans un bol, bien mélanger tous les ingrédients de la section **blanche**.
03 La pâte devrait former une belle boule au fond du bol.
04 Enduire les mains d'un léger corps gras (huile végétale) pour manipuler la pâte.
05 Façonner 24 petites boules.
06 Si désiré, les rouler dans les ingrédients de la section **grise** bien mélangés.
07 Couvrir une plaque de cuisson de papier parchemin ou d'un tapis en silicone, sinon tout va coller.
08 Déposer vos créations sur la plaque.
09 Cuire au four environ 10 minutes.

Astuce **performante**

Deux ou trois Vertes pockettes après l'entraînement, c'est parfait.

Par portion	
Protéines	**11 g**
Glucides	**17 g**
Fibres	**5 g**

La **Soy victorieuse**

(protéines végétales et beurre d'arachide)

Je suis gaga du beurre d'arachide. Pour moi, y'a une odeur de détermination dans chaque bouchée. Oui, je crois aussi à la visualisation positive… qui mène à la victoire.

Cuisson : 30 minutes **Four :** 180 °C (350 °F) **Quantité :** 18 portions de 50 g (1 3/4 oz)

150 g (1/2 tasse) de purée de dattes
150 g (1/2 tasse) de beurre d'arachide naturel
115 g (1/2 tasse) de boisson végétale (ou de lait)
100 g (1 tasse) de flocons d'avoine à cuisson rapide sans gluten
120 g (1 tasse) de boisson de soya en poudre
40 g (1/4 tasse) de graines de chia entières
35 g (1/4 tasse) de chanvre écalé
150 g (1 tasse) d'arachides en morceaux (salées ou non)
100 g (1/2 tasse) de pépites de beurre d'arachide Reese's

Déco (facultatif)
Arachides en morceaux
Pépites de beurre d'arachide Reese's

Tadamski :

01 Préchauffer le four à 180 °C (350 °F).
02 Dans un bol, bien mélanger tous les ingrédients.
03 Couvrir une plaque de cuisson de papier parchemin ou d'un tapis en silicone, sinon tout va coller.
04 Étendre la pâte sur la plaque à 2,5 cm (1 po) d'épaisseur et bien la compresser.
05 Si désiré, décorer de morceaux d'arachides et de pépites de beurre d'arachide.
06 Cuire au four environ 30 minutes.
07 Laisser refroidir et couper à l'aide d'un coupe-pizza en 18 morceaux de 7,5 x 4 cm (3 x 1 1/4 po).
08 Si ça sent bon ? Non, ça sent la réussite. Ha ! Ha ! Ha !

Truc de la Madame

Oui, oui, on utilise la boisson de soya en poudre… en guise de farine.

Par portion de 1/8 de tarte	
Protéines	**20 g**
Glucides	**22 g**
Fibres	**8 g**

La **C'est pas de la tarte**

(protéines de soya et amandes)

Cette recette est musclée. Qu'on la cuisine dans un moule à tarte, un moule à charnière ou sur une plaque de cuisson, elle demeure l'athlète de haut niveau de la situation. Go, go, go!

Cuisson: 20 minutes **Four:** 180 °C (350 °F) **Quantité:** 8 portions

150 g (1/2 tasse) de purée de dattes
150 g (1/2 tasse) de yogourt nature
1 œuf
1 c. à soupe d'extrait d'amande pur
150 g (1 1/4 tasse) de lait de soya en poudre
50 g (1/2 tasse) d'amandes effilées

Déco (facultatif)
Quelques amandes effilées

Tadamski :

01 Préchauffer le four à 180 °C (350 °F).
02 Dans un bol, bien mélanger tous les ingrédients. C'est tout!
03 Couvrir un moule à tarte ou à quiche de 23 cm (9 po) de diamètre et 2,5 cm (1 po) de hauteur de papier parchemin ou d'un léger corps gras, sinon tout va coller.
04 Étendre la pâte dans le moule et bien la compresser.
05 Si désiré, décorer de quelques amandes.
06 Cuire au four environ 20 minutes.
07 Profitez de l'odeur...
08 Se tranche plus facilement avec un coupe-pizza.

Astuce performante

Pour une collation complète après l'entraînement, pensez à ajouter un fruit.

Par portion	
Protéines	3 g
Glucides	7 g
Fibres	2 g

La **Pom-pom pompon**

(protéines de soya, choco, noix de coco)

Si vous aimez les encouragements de vos fans préférés, vous allez fondre pour ces Pom-Pom pompons qui, eux aussi, vous encourageront à vous dépasser.

Cuisson : 15 minutes **Four :** 180 °C (350 °F) **Quantité :** 28 galettes de 25 g (1 oz)

150 g (1/2 tasse) de purée de dattes
155 g (2/3 tasse) de lait de coco léger (ou entier)
1 œuf
1/4 c. à thé de muscade
100 g (1 tasse) de lait de soya en poudre
50 g (1/2 tasse) de farine de noix de coco
25 g (1/4 tasse) de cacao
50 g (1/2 tasse) de noix de coco non sucrée
100 g (1/2 tasse) de pépites de chocolat noir ou autre

Déco
75 g (1/3 tasse) de noix de coco non sucrée

Tadamski :

01 Préchauffer le four à 180 °C (350 °F).
02 Dans un bol, bien mélanger tous les ingrédients.
03 La pâte devrait former une belle boule au fond du bol.
04 Enduire les mains d'un léger corps gras (huile végétale) pour manipuler la pâte.
05 Façonner des boules et les aplatir.
06 Les enrouler dans la noix de coco pour les transformer en pompons.
07 Couvrir une plaque de cuisson de papier parchemin ou d'un tapis en silicone, sinon tout va coller.
08 Déposer les pompons sur la plaque.
09 Cuire au four environ 15 minutes.
10 Go go go !

Astuce **performante**

Vous en mangez au quotidien ? Favorisez le lait de coco léger.

Par portion	
Protéines	2 g
Glucides	7 g
Fibres	2 g

La **VégaMégaMatcha**

(protéines végétales, matcha et quinoa soufflé)

Naturellement végane et sans gluten, cette galette est une bouchée de joie intérieure. Simple à préparer, elle promet de nous soutenir longtemps… et dire qu'elle est si légère.

Cuisson : 15 à 20 minutes **Four :** 180 °C (350 °F) **Quantité :** 20 galettes de 30 g (1 oz)

150 g (1/2 tasse) de purée de dattes
230 g (1 tasse) de boisson végétale (ou de lait)
60 g (1/3 tasse) de graines de chia
Une mesure de mélange Smoothie protéiné VEGA à la vanille

1 c. à soupe de matcha
35 g (1/2 tasse) de flocons de noix de coco rôtie non sucrée
60 g (3 tasses) de quinoa soufflé

Tadamski :

01 Préchauffer le four à 180 °C (350 °F).
02 Dans un bol, bien mélanger tous les ingrédients de la section **noire**.
03 Ajouter les ingrédients de la section **grise** et bien remuer.
04 Couvrir une plaque de cuisson de papier parchemin ou d'un tapis en silicone, sinon tout va coller.
05 Déposer la pâte à la cuillère ou à la portionneuse pour créer de belles galettes Labriski.
06 Cuire au four environ 15 minutes (ou 20 minutes si vous aimez le croustillant.)
07 Laisser refroidir sur une grille avant de dévorer.
08 Bougez et régalez-vous de bonheur avec la VégaMégaMatcha.

Astuce **performante**

Deux galettes et un fruit environ 1 heure 30 minutes avant l'entraînement, c'est méga.

Par portion	
Protéines	2 g
Glucides	7 g
Fibres	1 g

La **Suuuuuper cahuète**

(protéines végétales, avoine et cacahuètes)

Arachide, pinotte ou cacahuète, y'a tellement de façon de décrire cette petite plante que ça devient presque olympique de faire un choix. Une chance qu'on l'aime.

Cuisson : 15 à 20 minutes **Four :** 180 °C (350 °F) **Quantité :** 20 galettes de 30 g (1 oz)

150 g (1/2 tasse) de purée de dattes
150 g (1/2 tasse) de compote de pommes non sucrée
115 g (1/2 tasse) de boisson végétale (ou de lait)
2 c. à thé de poudre à pâte
1 c. soupe de vinaigre

Une mesure de mélange Smoothie protéiné VEGA à la vanille
50 g (1/2 tasse) de flocons d'avoine à cuisson rapide sans gluten ou régulière
75 g (1/2 tasse) d'arachides en morceaux
1 c. à soupe de graines de chia

Tadamski :

01 Préchauffer le four à 180 °C (350 °F).
02 Dans un bol, bien mélanger tous les ingrédients de la section **noire**.
03 Incorporer les ingrédients de la section **grise**.
04 Couvrir une plaque de cuisson de papier parchemin ou d'un tapis en silicone, sinon tout va coller.
05 Déposer la pâte à la cuillère ou à la portionneuse pour créer de belles labriskis.
06 Cuire au four environ 15 minutes.
07 L'odeur n'est-elle pas suuuuuper ?

Astuce **performante**

Avec le sport, on en mange deux avec un fruit. Après, on les savoure avec un yogourt grec.

Par portion	
Protéines	4 g
Glucides	14 g
Fibres	3 g

La **Ça roule banane !**

(protéines végétales, banane et chanvre écalé)

Vous aimez le pain aux bananes ? Cette version tonifiante est pour vous. C'est bon, c'est simple, ça se mange même pour déjeuner. Avec cette recette, tout roule...

Cuisson : 30 minutes **Four :** 180 °C (350 °F) **Quantité :** 12 portions 45 g (2 oz)

150 g (1/2 tasse) de purée de dattes
115 g (1/2 tasse) de boisson végétale (ou de lait)
2 bananes bien mûres écrasées à la fourchette
Une mesure de mélange Smoothie protéiné VEGA à la vanille
40 g (2 tasses) de quinoa soufflé
40 g (1/4 tasse) de graines de chia entières
35 g (1/4 tasse) de chanvre écalé

Tadamski :

01 Préchauffer le four à 180 °C (350 °F).
02 Dans un bol, bien mélanger tous les ingrédients. C'est tout !
03 Couvrir une plaque de cuisson de papier parchemin ou d'un tapis en silicone, sinon tout va coller.
04 Déposer la pâte à la cuillère ou à la portionneuse pour créer de belles galettes Labriski.
05 Important : bien compresser la pâte.
06 Cuire au four environ 30 minutes.
07 Ça sent bon le pain aux bananes !

Astuce performante

Pour maximiser votre récupération, mangez aussi un fruit.

STAUB

Souriez, c'est croustillant sous la dent !

La **Figoureuse**

(figues, banane et cannelle)

Première Labriskottie à voir le jour, cette Figoureuse émoustille les amateurs qui craquent pour le crunche-crouche crinche-crouche-crounche. Fruitée et épicée, on aime le fait qu'elle soit racée.

Cuisson : 50 minutes + 2 x 15 minutes **Four :** 180 °C (350 °F)
Quantité : 15 labriskotties de 25 g (1 oz)

150 g (1/2 tasse) de purée de dattes
230 g (1 tasse) de boisson végétale (ou de lait)
1 banane bien mûre écrasée à la fourchette
40 g (1/4 tasse) de graines de chia
1/2 c. à soupe de poudre à pâte
1/4 à 1/2 c. à thé de cannelle moulue
Une pincée de sel

180 g (1 tasse) de farine à pain rustique sans gluten ou de blé
120 g (1 tasse) de noix de Grenoble entières
65 g (1/2 tasse) de raisins secs
110 g (1/2 tasse) de figues moelleuses (séchées et réhydratées)

Tadamski :

01 Préchauffer le four à 180 °C (350 °F).
02 Dans un bol, bien mélanger tous les ingrédients de la section **noire**.
03 Incorporer les ingrédients de la section **grise** et mélanger jusqu'à l'obtention d'une belle pâte.
04 Former une boule dans le centre du bol.
05 Couvrir une plaque de cuisson de papier parchemin ou d'un tapis en silicone, sinon tout va coller.
06 Déposer la boule de pâte sur la plaque et l'aplatir un peu pour former une belle miche.
07 Cuire au four environ 50 minutes. Hourra, ça sent l'énergie Labriski !
08 Laisser refroidir sur une grille. Laisser le four allumé.
09 Trancher la miche en belles labriskotties et les remettre sur la plaque.
10 Les faire cuire 15 minutes d'un côté, puis 15 minutes de l'autre.
11 Crouche que c'est bon !

Truc de la Madame

La pâte est trop collante ? Enduisez vos mains d'un peu d'huile végétale.

Coup de cœur
Madame Labriski

La **Célestine**

(chocolat et pacanes)

Noire, savoureuse et divinement chocolatée, cette labriskottie brille telle une constellation. Tartinez-la d'un peu de purée de dattes et vous partirez en orbite. (Pour de vrai !)

Cuisson : 50 minutes + 2 x 15 minutes **Four :** 180 °C (350 °F)
Quantité : 15 labriskotties de 25 g (1 oz)

150 g (1/2 tasse) de purée de dattes
230 g (1 tasse) de boisson végétale (ou de lait)
75 g (1/4 tasse) de compote de pommes non sucrée
40 g (1/4 tasse) de graines de chia
1 c. à soupe de poudre à pâte
Une pincée de sel

90 g (1/2 tasse) de farine à pain rustique sans gluten, de blé ou votre farine préférée
50 g (1/2 tasse) de cacao
30 g (1/4 tasse) de graines de lin moulues
120 g (1 tasse) de pacanes entières
150 g (3/4 tasse) de pépites de chocolat noir

Tadamski :

01 Préchauffer le four à 180 °C (350 °F).
02 Dans un bol, bien mélanger tous les ingrédients de la section **noire**.
03 Incorporer les ingrédients de la section **grise** et mélanger jusqu'à l'obtention d'une belle pâte.
04 Former une boule dans le centre du bol.
05 Couvrir une plaque de cuisson de papier parchemin ou d'un tapis en silicone, sinon tout va coller.
06 Enduire les mains d'un peu d'huile pour manipuler la future miche.
07 Déposer la boule de pâte sur la plaque et l'aplatir un peu pour former une belle miche.
08 Cuire au four environ 50 minutes. Hourra, ça sent l'énergie Labriski !
09 Laisser refroidir sur une grille. Laisser le four allumé.
10 Trancher la miche en belles labriskotties et les remettre sur la plaque.
11 Les faire cuire 15 minutes d'un côté, puis 15 minutes de l'autre.

La **Kitronnette**

(citron et amandes)

Frais. Unique. Estival. C'est le festival du soleil et des mignardises qui respirent la santé. On craque vivement pour le jaune citron. Vive la Kitronnette !

Cuisson : 40 minutes + 2 x 15 minutes **Four :** 180 °C (350 °F)
Quantité : 15 labriskotties de 25 g (1 oz)

150 g (1/2 tasse) de purée de dattes
230 g (1 tasse) de boisson végétale (ou de lait)
40 g (1/4 tasse) de graines de chia
1 c. à soupe de poudre à pâte
Le zeste râpé de 1 citron ou 5 gouttes d'huile essentielle de citron
Une pincée de sel

90 g (1/2 tasse) de farine à pain rustique sans gluten, de blé ou votre farine préférée
50 g (1/2 tasse) de poudre d'amandes
100 g (1 tasse) d'amandes effilées hachées
50 g (1/4 tasse) de pépites de chocolat blanc (facultatif)

Déco
100 g (1 tasse) d'amandes effilées hachées
Zeste de citron

Tadamski :

01 Préchauffer le four à 180 °C (350 °F).
02 Dans un bol, bien mélanger tous les ingrédients de la section **noire**.
03 Incorporer les ingrédients de la section **grise** et mélanger jusqu'à l'obtention d'une belle pâte.
04 Former une boule dans le centre du bol.
05 Couvrir une plaque de cuisson de papier parchemin ou d'un tapis en silicone, sinon tout va coller.
06 Enduire les mains d'un peu d'huile pour manipuler la future miche.
07 Déposer la boule de pâte sur la plaque et l'aplatir un peu pour former une belle miche. Si désiré, lui donner la forme d'un citron.
08 Recouvrir la miche d'amandes effilées et d'un peu de zeste de citron. Ça fait chic.
09 Cuire au four environ 50 minutes. Hourra, ça sent l'énergie Labriski !
10 Laisser refroidir sur une grille. Laisser le four allumé.
11 Trancher la miche en belles labriskotties et les remettre sur la plaque.
12 Les faire cuire 15 minutes d'un côté, puis 15 minutes de l'autre.

Le saviez-vous ?

Certaines huiles essentielles comestibles parfument divinement les recettes. Essayez-les !

La **Craqueline soutenante**

(noix tigrées, chanvre et épices)

Surprise! Petite bombe de fibres et de protéines, cette craqueline est aussi délicieuse au déjeuner qu'en accompagnement d'un bol de soupe.

Cuisson: 30 minutes + 2 x 10 minutes **Four:** 180 °C (350 °F)
Quantité: 18 labriskotties de 25 g (1 oz)

225 g (3/4 tasse) de purée de dattes
230 g (1 tasse) de boisson végétale (ou de lait)
1 c. à soupe de poudre à pâte
1/4 c. à thé de quatre-épices* (cannelle, piment de la Jamaïque, clou de girofle et noix de muscade)
Une pincée de sel
50 g (1/2 tasse) de farine d'avoine certifiée sans gluten
50 g (1/4 tasse) de poudre de noix tigrées
40 g (1/4 tasse) de graines de chia
30 g (1/4 tasse) de chanvre écalé
30 g (1/4 tasse) de graines de lin broyées

Tadamski:

01 Préchauffer le four à 180 °C (350 °F).
02 Dans un bol, bien mélanger tous les ingrédients.
03 Couvrir un moule à tarte ou à quiche rond de 23 cm (9 po) de diamètre et 2,5 cm (1 po) de hauteur de papier parchemin ou d'un léger corps gras, sinon tout va coller.
04 Étendre la pâte dans le moule et bien la compresser.
05 Cuire au four environ 30 minutes. Sortir le moule du four. Laisser le four allumé.
06 Laisser refroidir un peu, démouler, couper en 18 tranches fines et les déposer sur une plaque de cuisson.
07 Les faire cuire 10 minutes d'un côté, puis 10 minutes de l'autre.

Le saviez-vous?

Riche en fibres, la noix tigrée est un tubercule, et non une noix.

* Bon à savoir: Un mélange quatre-épices se vend en épicerie.

Le **Pain de soleil**

(tournesol, romarin et curcuma)

Un pain gourmand ? Mais oui… Avec son odeur qui nous rappelle la Méditerranée, on se régale juste à le sentir. Y'a plein de soleil dans la boulangerie !

Cuisson : 45 minutes + 2 x 15 minutes **Four :** 180 °C (350 °F) **Quantité :** 1 belle miche

150 g (1/2 tasse) de purée de dattes
230 g (1 tasse) de boisson végétale (ou de lait)
1 œuf
2 c. à soupe de poudre à pâte
1/8 c. à thé de fleur de sel
1/4 c. à thé de curcuma
2 c. à thé de romarin entier séché

300 g (2 tasses) de farine à pain sans gluten ou votre farine préférée
30 g (1/4 tasse) de chanvre écalé
120 g (3/4 tasse) de graines de tournesol écalées

Déco (facultatif)
150 g (1 tasse) d'un mélange de graines de tournesol, de romarin et de chanvre écalé

Tadamski :

01 Préchauffer le four à 180 °C (350 °F).
02 Dans un bol, bien mélanger tous les ingrédients de la section **noire**.
03 Incorporer les ingrédients de la section **grise** et mélanger jusqu'à l'obtention d'une belle pâte.
04 Former une boule dans le centre du bol.
05 Couvrir une plaque de cuisson de papier parchemin ou d'un tapis en silicone, sinon tout va coller.
06 Enduire les mains d'un peu d'huile pour manipuler la future miche.
07 Déposer la boule de pâte sur la plaque et l'aplatir un peu pour former une belle miche.
08 Si désiré, recouvrir du mélange pour la déco : ça fait une belle croûte.
09 Cuire au four environ 45 minutes.
10 Laisser refroidir sur une grille.
11 Trancher la moitié de la miche en belles craquelines et les remettre sur la plaque.
12 Les faire cuire 15 minutes d'un côté, puis 15 minutes de l'autre.
13 Quoi faire avec l'autre moitié ? La manger comme un pain.

Coup de cœur
Madame Labriski

La **Sel'luxe**

(pistaches, pacanes, cerises)

Lorsque le sucré-salé rencontre un petit goût acidulé-fruité, on se retrouve dans l'univers luxuriant des possibilités gourmandes. Osons l'impossible et dévorons la vie.

Cuisson : 45 minutes + 2 x 15 minutes **Four :** 180 °C (350 °F)
Quantité : 15 labriskotties de 25 g (1 oz)

150 g (1/2 tasse) de purée de dattes
230 g (1 tasse) de boisson végétale (ou de lait)
1 œuf
2 c. à soupe de poudre à pâte
1/8 c. à thé de fleur de sel

300 g (2 tasses) de farine à pain sans gluten ou votre farine préférée
2 c. à soupe de graines de chia
100 g (2/3 tasse) de pistaches écalées, grillées et salées
75 g (2/3 tasse) de pacanes entières
100 g (3/4 tasse) de cerises séchées ou de canneberges séchées

Déco (facultatif)
125 g (1 tasse) d'un mélange de morceaux de noix

Tadamski :

01 Préchauffer le four à 180 °C (350 °F).
02 Dans un bol, bien mélanger tous les ingrédients de la section **noire**.
03 Incorporer les ingrédients de la section **grise** et mélanger jusqu'à l'obtention d'une belle pâte.
04 Former une boule dans le centre du bol.
05 Couvrir une plaque de cuisson de papier parchemin ou d'un tapis en silicone, sinon tout va coller.
06 Enduire les mains d'un peu d'huile pour manipuler la future miche.
07 Déposer la boule de pâte sur la plaque et l'aplatir un peu pour former une belle miche.
08 Si désiré, recouvrir du mélange de morceaux de noix : c'est la croûte de luxe.
09 Cuire au four environ 45 minutes.
10 Laisser refroidir sur une grille.
11 Trancher la miche en 15 belles labriskotties et les remettre sur la plaque.
12 Les faire cuire 15 minutes d'un côté, puis 15 minutes de l'autre.

Astuce **gourmande**

Essayez-les avec une tranche de fromage. Menoumski !

Manger santé, c'est du gâteau.

(Oui, oui, croyez-moi.)

Le **Colosse royal**

(quinoa, dattes, noix et plaisirs festifs)

Mesdames, messieurs, votre majesté le Colosse royal. Offrez-vous la santé en cadeau avec ce dessert digne des plus grandes tables des rois. Du gâteau ? Oh que oui.

Cuisson : 55 minutes **Four :** 180 °C (350 °F) **Quantité :** 6 à 8 portions

225 g (3/4 tasse) de purée de dattes
225 g (1/2 tasse) de compote de pommes non sucrée
115 g (1/2 tasse) de boisson végétale (ou de lait)
1 c. à soupe de poudre à pâte
Une pincée de sel

130 g (1 tasse) de farine de quinoa
50 g (2 1/2 tasses) de quinoa soufflé
50 g (1/2 tasse) de poudre d'amandes
40 g (1/4 tasse) de graines de chia
30 g (1/4 tasse) de chanvre écalé bio

125 à 175 g (1/2 à 1 tasse) de dattes entières
120 g (1 tasse) de pacanes entières
120 g (1 tasse) de noix de Grenoble entières
100 g (1/2 tasse) de pépites de chocolat noir
65 g (1/2 tasse) de canneberges séchées sucrées avec du jus de pomme

Déco
Noix, dattes, pépites et canneberges en quantité

Tadamski :

01 Préchauffer le four à 180 °C (350 °F).
02 Dans un bol, bien mélanger tous les ingrédients de la section **noire**.
03 Incorporer les ingrédients de la section **grise**.
04 Ajouter les ingrédients de la section **jaune**.
05 Recouvrir un moule tubulaire de 23 cm (9 po) de diamètre de papier parchemin ou l'enduire d'un léger corps gras, sinon tout va coller.
06 Verser la pâte dans le moule. Décorer avec des noix. Offrez-vous la totale, il sera encore plus royal.
07 Cuire au four environ 55 minutes.
08 Laisser refroidir et démouler.
09 Pour en mettre plein la vue, ajouter noix, dattes, pépites et canneberges en quantité !

Truc de la Madame

Impressionnez vos invités en habillant le Colosse royal d'un beau ruban festif.

Le **Corottkèque**

(carottes, noix de Grenoble et choco blanc)

Avez-vous vu de vos yeux cette version énergisante de santé du fameux gâteau aux carottes québécois ? Pourquoi cuisiner comme dans les année 1950 ? Viva l'évolutionnnne !

Cuisson : 1 heure 10 minutes **Four :** 180 °C (350 °F) **Quantité :** 6 à 8 portions

225 g (3/4 tasse) de purée de dattes
75 g (1/4 tasse) de compote de pommes non sucrée
2 œufs
1 c. à soupe d'extrait de vanille pur
2 c. à thé de poudre à pâte
1/2 c. à thé de cannelle moulue
1/4 c. à thé de muscade moulue
1/8 c. à thé de curcuma
Une pincée de sel

240 g (2 tasses) de farine tout usage sans gluten ou régulière
150 g (2 tasses) de carottes pelées et râpées
120 g (1 tasse) de noix de Grenoble en morceaux
90 g (2/3 tasse) de raisins de Corinthe secs
50 à 100 g (1/4 à 1/2 tasse) de pépites de chocolat blanc (facultatif)

Déco
Noix, raisins secs et pépites de chocolat blanc

Tadamski :

01 Préchauffer le four à 180 °C (350 °F).
02 Dans un bol, bien mélanger tous les ingrédients de la section **blanche**.
03 Incorporer les ingrédients de la section **grise**.
04 Recouvrir un moule tubulaire de 23 cm (9 po) de diamètre de papier parchemin ou l'enduire d'un léger corps gras, sinon tout va coller.
05 Verser la pâte dans le moule. Décorer avec des noix, des raisins secs et quelques pépites de chocolat blanc.
06 Cuire au four environ 1 heure 10 minutes.
07 Vous avez vu juste avec cette recette : ça va sentir bon dans la maison !

Coup de cœur
Madame labriski

Le **Poussière de licorne**

(gâteau blanc qui fait rêver)

Un gâteau blanc qui goûte le gâteau commercial à la vanille ? C'est bien ça. Les confettis, c'est juste pour ajouter des étincelles dans les yeux des enfants. Magie, magie !

Cuisson : 30 minutes **Four :** 180 °C (350 °F) **Quantité :** 6 à 8 portions

225 g (3/4 tasse) de purée de dattes
230 g (1 tasse) de boisson végétale (ou de lait)
2 œufs
1 1/2 c. à soupe d'extrait de vanille pur
1 c. à soupe de poudre à pâte
Une pincée de sel
225 g (1 1/2 tasse) de farine à pâtisserie
40 g (1/4 tasse) de graines de chia
20 à 60 g (1/4 à 3/4 tasse) de confettis à gâteau arc-en-ciel de style *party mix*

Déco
Confettis à gâteaux

Tadamski :

01 Préchauffer le four à 180 °C (350 °F).
02 Dans un bol, bien mélanger tous les ingrédients. C'est tout ? Oui.
03 Recouvrir un moule tubulaire de 23 cm (9 po) de diamètre de papier parchemin ou l'enduire d'un léger corps gras, sinon tout va coller.
04 Verser la pâte dans le moule. Si désiré, ajouter un peu de confettis à gâteau sur le dessus.
05 Cuire au four environ 30 minutes.
06 Laisser refroidir, démouler et récolter les éclats de joie intense. C'est officiel : vous êtes une star.

Truc de la Madame

Pour bien voir les confettis, utilisez une farine blanche.

Le **Papouski**

(chocolat, caramel et pacanes)

Un gâteau décadent ou un dessert santé qui se cache sous une avalanche de bonnes choses ? Un peu des deux. Cette création est venue au monde pour conquérir les plus sceptiques…

Cuisson : 1 heure **Four :** 180 °C (350 °F) **Quantité :** 6 à 8 portions

225 g (3/4 tasse) de purée de dattes
150 g (1/2 tasse) de compote de pommes non sucrée
230 g (1 tasse) de boisson végétale (ou de lait)
1 œuf

1 c. à soupe d'extrait de vanille pur ou de caramel artificiel
1 c. à soupe de poudre à pâte
1/2 c. à thé de bicarbonate de soude
Une pincée de sel

225 g (1 1/2 tasse) de farine de blé à pâtisserie
50 g (1/2 tasse) de cacao
100 g (1 tasse) de pacanes
40 g (1/4 tasse) de graines de chia
100 g (1/2 tasse) de pépites de chocolat
80 g (1/2 tasse) de pépites de caramel Skor ou sans produits laitiers

Déco
Noix, pépites de chocolat ou de caramel Skor

Tadamski :

01 Préchauffer le four à 180 °C (350 °F).
02 Dans un bol, bien mélanger tous les ingrédients de la section **blanche**.
03 Incorporer les ingrédients de la section **grise**.
04 Ajouter les ingrédients de la section **jaune**.
05 Recouvrir un moule à charnière de 20 cm (8 po) de diamètre de papier parchemin ou l'enduire d'un léger corps gras, sinon tout va coller.
06 Verser la pâte dans le moule. Décorer avec des noix pour épater les papas. Ha ! Ha ! Ha !
07 Cuire au four environ 1 heure.
08 Pendant ce temps, préparer le délicieux coulis pétant de santé de la page 193.
09 Le moment venu, couper le gâteau et servir avec le coulis.

Le **saviez-vous ?**

Cette recette se cuisine aussi sans gluten avec votre farine préférée.

Le **Délire du campeur**

(chapelure de biscuits Graham, choco et noix de coco)

**Ce gâteau pourrait se nommer le S'mores déconstruit.
Mais pourquoi déconstruire un dessert de feu de camp aussi mémorable ?
Un petit délire, c'est bon pour le moral.**

Cuisson : 50 minutes **Four :** 180 °C (350 °F) **Quantité :** 6 à 8 portions

150 g (1/2 tasse) de purée de dattes
115 g (1/2 tasse) de boisson végétale (ou de lait)
1 œuf
1 c. à soupe d'extrait de vanille pur
2 c. à thé de poudre à pâte
Une pincée de sel

60 g (1/2 tasse) de farine d'épeautre ou de blé
120 g (1 1/4 tasse) de chapelure de biscuits Graham
40 g (1/4 tasse) de graines de chia
30 g (1/4 tasse) de graines de lin broyées
60 g (1/2 tasse) de noix de Grenoble en morceaux
50 g (1/2 tasse) de noix de coco non sucrée, râpée moyen
50 à 100 g (1/4 à 1/2 tasse) de pépites de chocolat noir
30 à 60 g (1/2 à 1 tasse) de guimauves (très facultatif)

Déco
Chapelure de biscuits Graham, noix, noix de coco et pépites de chocolat noir

Tadamski :

01 Préchauffer le four à 180 °C (350 °F).
02 Dans un bol, bien mélanger tous les ingrédients de la section **noire**.
03 Incorporer les ingrédients de la section **grise**.
04 Recouvrir un moule à pain de 23 x 13 cm (9 x 5 po) de papier parchemin ou l'enduire d'un léger corps gras, sinon tout va coller.
05 Verser la pâte dans le moule. Décorer avec de la chapelure de biscuits Graham, des noix, de la noix de coco et des pépites de chocolat.
06 Cuire au four environ 50 minutes.
07 Joie ! Joie ! Joie !

Astuce santé

Pour une version 100 % santé, on dit « Bye-bye, guimauve ».

Le **Reste de quoi ?**

(gâteau aux restes... de Pâques)

Un gâteau spécial qui vous permet d'être créatif lorsque vos enfants reçoivent trop de chocolats de Pâques. Mais où sont-ils ? Je ne sais pas. Tu dois les avoir tous mangés...

Cuisson : 30 minutes **Four :** 180 °C (350 °F) **Quantité :** 6 à 8 portions

225 g (3/4 tasse) de purée de dattes
230 g (1 tasse) de boisson végétale (ou de lait)
2 œufs
1 1/2 c. à soupe d'extrait de vanille pur
1 c. à soupe de poudre à pâte
Une pincée de sel
150 g (1 tasse) de farine à pâtisserie
50 g (1/2 tasse) de cacao
40 g (1/4 tasse) de graines de chia

Morceaux des chocolats de Pâques à faire disparaître – Ha ! Ha ! Ha !

Tadamski :

01 Préchauffer le four à 180 °C (350 °F).
02 Dans un bol, bien mélanger tous les ingrédients de la section **noire**.
03 Recouvrir un moule tubulaire de 23 cm (9 po) de diamètre de papier parchemin ou l'enduire d'un léger corps gras, sinon tout va coller.
04 Verser un peu de pâte dans le moule, ajouter des morceaux de chocolat et recouvrir de pâte.
05 Si désiré, ajouter des morceaux de chocolat sur le dessus.
06 Cuire au four environ 30 minutes.
07 Ça va tellement sentir bon...

Le **Majestueux de la fête**

(orange, rhum et canneberges)

Certains ont des allergies ou des intolérances et plusieurs mangent n'importe quoi. Votre défi : faire de cette soirée un grand festin. Heureusement, le Majestueux est là.

Cuisson : 50 minutes **Four :** 180 °C (350 °F) **Quantité :** 6 à 8 portions

200 g (2/3 tasse) de purée de dattes
175 g (3/4 tasse) de boisson végétale (ou de lait)
1 c. à soupe de poudre à pâte
1 c. à soupe de vinaigre, au choix
3 c. à soupe de rhum épicé (facultatif)
Le zeste râpé de 1 orange ou 2 gouttes d'huile essentielle d'orange
Une pincée de sel

75 g (1/2 tasse) de farine de pois chiches
60 g (1/2 tasse) de farine ou de fécule de tapioca (manioc)
60 g (2/3 tasse) de poudre d'amandes ou de noix tigrées
85 g (2/3 tasse) de canneberges séchées sucrées avec du jus de pomme
85 g (2/3 tasse) de cerises séchées ou de canneberges surgelées

Déco
Quelques amandes effilées
Canneberges séchées

Tadamski :

01 Préchauffer le four à 180 °C (350 °F).
02 Dans un bol, bien mélanger tous les ingrédients de la section **noire**.
03 Incorporer les ingrédients de la section **grise**.
04 Enduire un moule tubulaire de fantaisie de 23 cm (9 po) de diamètre d'un léger corps gras, sinon tout va coller.
05 Verser la pâte dans le moule.
06 Cuire au four environ 50 minutes.
07 Laisser refroidir légèrement et démouler.
08 Folie : Vous aimez le rhum ? À l'aide d'un cure-dent, faites de petites cavités dans lesquelles vous verserez délicatement un peu de cette boisson mythique. Hum...

Le saviez-vous ?

Le vinaigre permet d'offrir un aspect aérien à la pâte. Aucun goût aigre ne sera au rendez-vous.

La **Fine bûche**

(une tradition émoustillante de santé)

Une bûche sans sucre ajouté ? C'est bien ça. Ne faites pas la fine bouche, même avec des résolutions santé, les traditions seront respectées... dans la joie et l'émerveillement.

Cuisson : 14 minutes **Four :** 180 °C (350 °F) **Quantité :** 6 à 8 portions

La bûche
225 g (3/4 tasse) de purée de dattes
230 g (1 tasse) de boisson végétale (ou de lait)
2 œufs
1 1/2 c. à soupe d'extrait de vanille pur
1 c. à soupe de poudre à pâte
Une pincée de sel
225 g (1 1/2 tasse) de farine à pâtisserie ou votre farine préférée
40 g (1/4 tasse) de graines de chia
55 g (1/3 tasse) de pépites de caramel Skor ou sans produits laitiers (facultatif)

Le crémage au chocolat de la page 193
La ganache au caramel salé de la page 193

Déco (facultatif)
Pépites de caramel et noix de coco

Tadamski :

01 Préchauffer le four à 180 °C (350 °F).
02 Dans un bol, bien mélanger tous les ingrédients de la bûche. C'est tout ? Oui.
03 Recouvrir une plaque de cuisson de 38 x 25 cm (15 x 10 po) de papier parchemin ou d'un léger corps gras, sinon tout va coller.
04 Étendre la pâte sur la plaque.
05 Cuire au four environ 14 minutes.
06 Laisser refroidir légèrement.
07 Humidifier un linge propre et l'étendre sur la surface de travail.
08 Prendre le gâteau en soulevant le papier parchemin pour le démouler et le déposer sur le linge humide. Enlever le papier.
09 Enrouler le gâteau dans le linge humide et le laisser reposer jusqu'à ce qu'il soit froid.
10 Pendant ce temps, préparer le crémage au chocolat et la ganache au caramel salé.
11 Une fois la future bûche refroidie, dérouler et étendre la ganache au caramel salé.
12 Rouler de nouveau et transformer la bûche en Fine bûche en la recouvrant du crémage au chocolat.
13 Si désiré, décorer avec un peu de pépites de caramel et de noix de coco, comme sur la photo.
14 Soyez créatif et amusez-vous.
15 Joyeuses fêtes !

Le saviez-vous ?
En mode sans gluten, cette recette sera moins volumineuse, mais tout aussi délicieuse.

Un **classique épatant,** c'est bon pour le moral.

Les **Carrés aux datteskis**

(dattes, avoine et noix de coco)

Elle existe pour vrai. Ma version Labriski des célèbres carrés aux dattes. Bien entendu, j'y ajoute une petite touche gourmande. Qui a dit que les grands classiques ne pouvaient pas être bonifiés ?

Cuisson : 10 minutes + 30 minutes **Four :** 180 °C (350 °F) **Quantité :** 9 à 12 carrés

Les dattes
500 g (3 2/3 tasses) de dattes séchées dénoyautées
375 g (1 1/2 tasse) d'eau

La pâte
150 g (1/2 tasse) de purée de dattes
115 g (1/2 tasse) de boisson végétale (ou de lait)
1 œuf
2 c. à thé de poudre à pâte
Une pincée de sel
100 g (1 tasse) de farine d'avoine certifiée sans gluten ou de farine de quinoa
100 g (1 tasse) de flocons d'avoine à cuisson rapide sans gluten ou de quinoa
2 c. à soupe de graines de chia
2 c. à soupe de noix de coco non sucrée, râpée moyen
60 g (1/2 tasse) de pacanes ou de noix de Grenoble, hachées

Déco (facultatif)
1 c. à soupe de noix de coco
1 c. à soupe de flocons d'avoine
Quelques morceaux de noix

Tadamski :

01 Sur la cuisinière, dans une casserole, à feu moyen, faire chauffer les dattes et l'eau (section **noire**) pendant 10 minutes. Mélanger et réserver.
02 Préchauffer le four à 180 °C (350 °F).
03 Dans un bol, préparer la pâte en mélangeant tous les ingrédients de la section **grise**.
04 Verser la moitié du mélange dans un plat à cuisson carré de 20 à 23 cm (8 à 9 po) enduit d'un léger corps gras.
05 Verser la préparation aux dattes et recouvrir du reste de la pâte.
06 Si désiré, pour faire chic, mélanger les ingrédients de la section **blanche** et étendre sur le dessus.
07 Cuire au four environ 30 minutes.
08 Préparez-vous à vivre une expérience délicieuse.

Le **saviez-vous ?**

Les pacanes vont ajouter du croquant et un léger goût de beurre.

Truc de la Madame

Les graines de tournesol apportent un croquant craquant. Salées, elles ajoutent de la personnalité.

La **Croustaaadopom**

(pommes, avoine, caramel et graines de tournesol)

Un dessert d'automne en version resplendissante de santé, ça vous dit ? C'est frais, réconfortant et ça peut commencer avec une cueillette en famille. On aimmme.

Cuisson : 30 minutes **Four :** 180 °C (350 °F) **Quantité :** 6 à 8 portions

Les pommes
550 à 750 g (6 à 8 tasses) de pommes coupées en morceaux (oui, on peut garder la pelure)
2 c. à soupe de purée de dattes
1/2 c. à thé de cannelle moulue
1/8 c. à thé de muscade moulue
1 c. à soupe de jus de citron

La pâte
150 g (1/2 tasse) de purée de dattes
115 g (1/2 tasse) de boisson végétale (ou de lait)
1 œuf
2 c. à thé de poudre à pâte
1/4 c. à thé de cannelle moulue
1/8 c. à thé de muscade moulue

Une pincée de sel
100 g (1 tasse) de farine d'avoine certifiée sans gluten ou de farine de quinoa
100 g (1 tasse) de flocons d'avoine à cuisson rapide certifiée sans gluten ou de quinoa
2 c. à soupe de graines de chia
40 g (1/3 tasse) de graines de tournesol
40 g (1/4 tasse) de pépites de caramel Skor ou sans produits laitiers (facultatif)

Déco (facultatif)
1 c. à soupe de graines de tournesol salées ou non
1 c. à soupe de flocons d'avoine
1 c. à soupe de pépites de caramel Skor ou sans produits laitiers (facultatif)

Tadamski :

01 Préchauffer le four à 180 °C (350 °F).
02 Dans un bol, mélanger tous les ingrédients des pommes (section **noire**).
03 Verser le mélange dans un plat de cuisson carré de 20 à 23 cm (8 à 9 po) enduit d'un léger corps gras.
04 Dans un bol, préparer la pâte en mélangeant tous les ingrédients de la section **grise**. Observer l'émulsion et brasser.
05 Incorporer les ingrédients de la section **jaune**.
06 Verser la pâte sur les pommes.
07 Si désiré, pour faire chic, mélanger les ingrédients de la Déco (section **blanche**) et étendre sur le dessus.
08 Cuire au four environ 30 minutes.
09 Ça suscite la joie de vivre et les « J'en veux encore » !

Le **pouding Pas d'job**

(style pouding chômeur)

Le célèbre pouding de la crise économique de 1929 en version révolution sans sucre ajouté. Aviez-vous remarqué qu'il y a le mot « évolution » dans « révolution » ? Ha ! Ha ! Ha ! Épatant. Comme ce dessert.

Cuisson : 50 minutes **Four :** 180 °C (350 °F) **Quantité :** 6 à 8 portions

La sauce

300 g (1 tasse) de purée de dattes
345 g (1 1/2 tasse) de boisson végétale, d'eau (ou de lait)
1 c. à soupe d'extrait de vanille pur (facultatif)
1/2 c. à soupe de fécule de maïs

La pâte

150 g (1/2 tasse) de purée de dattes
230 g (1 tasse) de boisson végétale (ou de lait)
225 g (1 1/2 tasse) de votre farine à pâtisserie préférée
2 c. à thé de poudre à pâte
Une pincée de sel
2 c. à soupe de graines de chia

Tadamski :

01 Préchauffer le four à 180 °C (350 °F).
02 Dans une casserole, à feu moyen, mélanger tous les ingrédients de la section **noire** et porter à ébullition. Retirer du feu et laisser reposer la sauce.
03 Dans un bol, préparer la pâte en mélangeant les ingrédients de la section **grise**.
04 Enduire un plat à cuisson carré de 20 cm (8 po) d'un léger corps gras.
05 Verser la pâte dans le plat et recouvrir de la sauce.
06 Cuire au four environ 50 minutes.
07 Même les voisins vont venir vous dire que ça sent bon. Ha ! Ha ! Ha !
08 Servir chaud ou froid.

**Chérie, puis-je en manger pour déjeuner ?
Hum... oui.**

La **Pacane ? Pacane !**

(pacanes, dattes et caramel)

Inspirée par la tarte aux pacanes, j'avais la succulente envie d'élever la barre encore plus haut en mode sans sucre ajouté. Non, non, non. Oui, oui, oui.

Cuisson : 30 minutes **Four :** 180 °C (350 °F) **Quantité :** 4 à 6 portions

La garniture de bonheur

200 g (2/3 tasse) de purée de dattes
75 g (1/3 tasse) de boisson végétale (de lait ou de crème 15 %)
1 c. à thé d'extrait de vanille pur ou de caramel artificiel (facultatif)
2 c. à soupe de fécule de maïs

La base

75 g (1/2 tasse) de purée de dattes
1 œuf
1 c. à soupe de poudre de grillons (facultatif)
50 g (1/2 tasse) de farine d'avoine certifiée sans gluten ou de quinoa
40 g (1/2 tasse) de flocons d'avoine à cuisson rapide certifiée sans gluten ou de quinoa
2 c. à soupe de graines de chia entières

Déco

120 g (1 tasse) de pacanes entières
40 g (1/3 tasse) de noix de Grenoble
2. à soupe de pépites de caramel Skor ou sans produits laitiers

Tadamski :

01 Sur la cuisinière, dans une casserole, à feu doux, faire chauffer les trois premiers ingrédients de la garniture du bonheur (section **blanche**). À l'ébullition, ajouter la fécule de maïs et laisser reposer à feu doux.
02 Préchauffer le four à 180 °C (350 °F).
03 Dans un bol, préparer la base de la tarte en mélangeant tous les ingrédients de la section **grise**.
04 Couvrir une assiette à tarte de 23 cm (9 po) de diamètre et 2,5 cm (1 po) de hauteur d'un papier parchemin ou d'un léger corps gras, sinon tout va coller.
05 Étendre la base dans le fond du moule.
06 Verser la préparation de dattes et décorer avec les ingrédients de la section **jaune**.
07 Cuire au four environ 30 minutes.
08 Si ça ressemble à de la tarte aux pacanes ? Mais c'est de la tarte aux pacanes. Ha ! Ha ! Ha !

Truc de la Madame

Si cette recette se fait aussi avec d'autres noix ? Certainement.

La **Renversante pommes-tatine**

(pommes, caramel-coco)

**L'évolution est partout avec cette version de la tarte Tatin.
Comme on aime les choses simples, on garde même la pelure des pommes.
Fascinant. 👏👏👏**

Cuisson : 15 minutes + 50 minutes **Four :** 180 °C (350 °F) **Quantité :** 4 à 6 portions

Les pommes caramel-coco

1 c. à soupe d'huile
600 g (1 1/3 lb) de grosses pommes coupées en deux
(4 à 6 pommes et, oui, on garde la pelure !)
75 g (1/4 tasse) de purée de dattes
160 ml (2/3 tasse) de lait de coco bio (1 petite boîte)
1/2 c. à soupe d'essence de caramel artificiel
2 c. à thé de fécule de maïs

La pâte

150 g (1/2 tasse) de purée de dattes
150 g (1/2 tasse) de compote de pommes non sucrée
1 œuf
1 c. à soupe de poudre à pâte
Une pincée de sel
60 g (1/2 tasse) de farine tout usage sans gluten ou votre farine préférée
50 g (1/2 tasse) de poudre d'amandes
30 g (1/4 tasse) de farine de noix de coco

L'extra fou (facultatif)

1 c. à soupe de pépites de caramel Skor ou sans produits laitiers
30 g (1/4 tasse) de noix de Grenoble en morceaux

Tadamski :

01 Préchauffer le four à 180 °C (350 °F).
02 Préparer les pommes caramel-coco (section **noire**). Sur la cuisinière, dans une poêle, à feu moyen, faire chauffer l'huile.
03 Y ajouter les pommes et tout le reste des ingrédients de cette section et cuire de 10 à 15 minutes.
04 Pendant ce temps, préparer la pâte en mélangeant bien tous les ingrédients de la section **grise** dans un bol.
05 Enduire le fond d'une assiette à tarte de 23 cm (9 po) de diamètre et de 2,5 cm (1 po) de hauteur d'un léger corps gras.
06 Y déposer le mélange de pommes et, si désiré, ajouter les ingrédients de la section **jaune**.
07 Verser la pâte sur les pommes.
08 Cuire au four environ 50 minutes.
09 Au moment de servir, mettre une assiette sur le dessus de la tarte et retourner le tout.
10 Magica ! Voici une Renversante pommes-tatine.

Le **saviez-vous ?**

Vous pouvez aussi la servir sans la renverser. Ça sera la version Pommes-tatine… pas renversée, mais toujours renversante, tout simplement !

La **Fée des champs**

(tarte aux fruits)

Une tarte aux fruits qui se tient. L'incarnation de la perfection fruitée qu'on voit dans les films américains. Rien qui coule. Zéro dégât. Est-ce le travail d'une fée ?

Cuisson : 12 minutes + 30 minutes **Four :** 180 °C (350 °F) **Quantité :** 4 à 6 portions

La croûte aux biscuits Graham

100 g (1/3 tasse) de purée de dattes
160 g (1 1/3 tasse) de chapelure de biscuits Graham

La garniture

420 g (3 tasses) de petits fruits surgelés (framboises, bleuets, fraises)
150 g (1/2 tasse) de purée de dattes

2 c. à soupe de fécule de maïs
3,5 g (1/2 sachet) de gélatine ou 4 g d'agar-agar

Tadamski :

01 Préchauffer le four à 180 °C (350 °F).
02 Dans un bol, préparer la croûte aux biscuits Graham en mélangeant tous les ingrédients de la section **noire**.
03 Couvrir une assiette à tarte de 23 cm (9 po) de diamètre et de 2,5 cm (1 po) de hauteur d'un papier parchemin ou d'un léger corps gras, sinon tout va coller.
04 Étendre le mélange aux biscuits Graham dans le fond du moule et bien presser. Réserver.
05 Défi : résister à la tentation d'y goûter.
06 Préparer la garniture. Dans une casserole, mélanger les ingrédients de la section **grise**.
07 À feu moyen, cuire pendant 12 minutes ou jusqu'à ce que les fruits commencent à se défaire.
08 Retirer du feu, ajouter les ingrédients de la section **jaune**.
09 Verser la garniture fruitée sur la croûte de tarte.
10 Cuire au four 30 minutes.
11 Un parfum sucré de fée des champs… va envahir votre cuisine.

Truc de la Madame

Le défi, c'est de faire une belle croûte. Prenez votre temps.

Le **Beigne-o-four**

(beigne nature)

Un beigne à la friture ? Non. Un beigne cuit dans un moule à beignes. Quel bonheur procure cette forme à trous ! Investissez dans ce moule, vous deviendrez millionnaire… de sourires fendus jusqu'aux oreilles.

Cuisson : 15 minutes **Four :** 180 °C (350 °F)
Quantité : 10 à 12 beignes de 60 g (2 oz)

150 g (1/2 tasse) de purée de dattes
155 g (2/3 tasse) de lait de coco bio (1 petite boîte)
2 œufs
1/4 c. à thé de muscade moulue
Une pincée de sel
225 g (1 1/2 tasse) de farine à pâtisserie

Tadamski :

01 Préchauffer le four à 180 °C (350 °F).
02 Dans un bol, bien mélanger tous les ingrédients.
03 Envie d'une fantaisie ? Ajoutez la fioriture de votre choix et bien mélanger.
04 Recouvrir un moule à beignes d'un léger corps gras, sinon tout va coller.
05 Verser la pâte aux trois quarts des cavités (ils vont gonfler !).
06 Cuire au four environ 15 minutes.
07 Laisser refroidir et démouler.
08 Si désiré, décorer et recommencer.
09 L'odeur sera mémorable et la texture… mo-el-leu-se. Profitez-en !

Truc de la Madame

Envie de fantaisie ? Trempez les beignes dans les coulis, crémage ou ganache (page 193) ou mettez-y un peu de tartinade (page 47).

Le **Velours gourmand**

(style crème pâtissière)

C'est sans sucre ajouté et, pourtant, les enfants en redemandent encore et encore. Voici une idée avec laquelle jongler à volonté pour tous vos desserts préférés.

Cuisson : environ 10 minutes **Quantité :** 4 portions de 125 ml (1/2 tasse)

100 g (1/3 tasse) de purée de dattes
4 jaunes d'œufs
40 g (1/4 tasse) de fécule de maïs
1 c. à soupe d'extrait de vanille pur ou de caramel artificiel (facultatif)

115 g (1/2 tasse) de boisson végétale (ou de lait)

40 g (1/3 tasse) de pacanes en morceaux
55 g (1/3 tasse) de pépites de caramel Skor ou sans produits laitiers (facultatif)
Quelques rondelles de bananes fraîches ou sèches pour le service

Tadamski :

01 Dans un bol, bien fouetter tous les ingrédients de la section **noire**.
02 Dans une casserole, à feu moyen, faire chauffer l'ingrédient de la section **grise**.
03 Dès le début de l'ébullition, verser le mélange de purée de dattes dans la casserole en fouettant vigoureusement.
04 Laisser chauffer quelques instants… le temps d'épaissir.
05 Verser le tout dans un plat à cuisson carré de 20 cm (8 po).
06 Pour faire tendance, étendre les ingrédients de la section **jaune**. Amusez-vous !
07 Couvrir et laisser reposer au réfrigérateur.
08 Servir dans de petits bols.
09 Une montagne de compliments vous attend ! Récoltez-les, ils sont pour vous.

Astuce santé

Un peu de Velours gourmand entre deux étages de gâteau ?

Le **Velours effervescent**

(style crème pâtissière au chocolat à la menthe)

Qui n'aime pas les chocolats à la menthe? On dirait que ça se mange et se digère en même temps. Ha! Ha! Ha! Un peu comme ce dessert. Ne résistez pas, offrez-vous ce plaisir.

Cuisson: environ 10 minutes **Quantité:** 4 portions de 125 ml (1/2 tasse)

100 g (1/3 tasse) de purée de dattes
4 jaunes d'œufs
40 g (1/4 tasse) de fécule de maïs
2 c. à thé d'extrait de menthe, ou de menthe poivrée, pur

115 g (1/2 tasse) de boisson végétale (ou de lait)
25 g (1/4 tasse) de cacao

55 g (1/3 tasse) de pépites de chocolat noir

Déco (facultatif)
Petites feuilles de menthe

Tadamski:

01 Dans un bol, bien fouetter tous les ingrédients de la section **noire**.
02 Dans une casserole, à feu moyen, faire chauffer les ingrédients de la section **grise** en fouettant.
03 Dès le début de l'ébullition, verser le mélange de purée de dattes dans la casserole en fouettant vigoureusement.
04 Ajouter l'ingrédient de la section **jaune** et laisser chauffer quelques instants… le temps d'épaissir.
05 Verser dans des coupes à dessert, couvrir et réfrigérer.
06 Au moment de servir, si désiré, décorer d'une feuille de menthe.
07 Préparez-vous, les amateurs de chocolat à la menthe seront comblés.

Les **Nuages d'amour**

(style meringue moelleuse)

C'est léger, tout léger. Sucré, juste assez. C'est comme des meringues ? Je dirais plutôt des nuages : moelleux et presque fondants… avec un petit goût de ciel.

Cuisson : 2 heures 30 minutes **Four :** 38 °C (100 °F) **Quantité :** 35 portions de 3 g

150 g (1/2 tasse) de purée de dattes
115 g (1/2 tasse) de boisson végétale (ou de lait)
1 c. à soupe d'extrait de vanille pur, d'amande ou de menthe (facultatif)

125 g (1/2 tasse) de blancs d'œufs (4 blancs d'œufs)

1 c. à soupe de fécule de maïs

Tadamski :

01 Préchauffer le four à 38 °C (100 °F).
02 Dans une casserole, mélanger les ingrédients de la section **noire** et chauffer à feu moyen-doux.
03 Pendant ce temps, monter les blancs d'œufs en neige (section **grise**) à l'aide d'un batteur électrique.
04 Lorsque le mélange forme des pics, incorporer délicatement le mélange de la section **noire**.
05 Toujours en mélangeant, ajouter la fécule de maïs (section **jaune**).
06 Le mélange doit se tenir.
07 Couvrir une plaque de cuisson d'un papier parchemin ou d'un léger corps gras, sinon tout va coller.
08 Déposer la « neige » à la cuillère ou à la portionneuse.
09 Notre neige devient nuage et on envoie le tout au four pendant 2 heures 30 minutes.
10 Oh là là… c'est impressionnant. On les consomme dans les heures qui suivent.

Truc de la Madame

Exceptionnellement, on conserve les nuages sur le comptoir. Idéalement, on les mange en 36 heures.

Les **Adios guimauve**

(style *rice krispies* sans guimauve)

Non, non, non, non, non! Oui, oui, oui, oui. Ai-je quelque chose à ajouter? Ainsi va la vie. C'est inspirant tout ce qu'on peut faire avec de la purée de dattes. Muchas gracias.

Réfrigération: 1 heure **Quantité:** 16 carrés de 5 cm (2 po)

100 g (1/3 tasse) de purée de dattes
4 jaunes d'œufs
40 g (1/4 tasse) de fécule de maïs
1 c. à soupe d'extrait de vanille pur ou de caramel artificiel (facultatif)

115 g (1/2 tasse) de boisson végétale ou de lait

540 g (6 tasses) de céréales de riz soufflé croustillant
40 g (1/4 tasse) de graines de chia
55 g (1/3 tasse) de pépites de caramel Skor ou sans produits laitiers (facultatif)

Tadamski:

01 Dans un bol, bien fouetter tous les ingrédients de la section **noire**.
02 Dans une grande casserole, à feu moyen, faire chauffer l'ingrédient de la section **grise**.
03 Dès le début de l'ébullition, verser le mélange de purée de dattes dans la casserole en fouettant vigoureusement.
04 Laisser chauffer quelques instants... le temps d'épaissir.
05 Incorporer les ingrédients de la section **jaune** et bien mélanger.
06 Enduire un plat à cuisson carré de 20 cm (8 po) d'un léger corps gras, sinon tout va coller.
07 Verser la préparation dans le plat et bien la compresser.
08 Réfrigérer au moins 1 heure.
09 Au moment de servir, couper en carrés ou en triangles. Ha! Ha! Ha!
10 À consommer dans l'immédiat... du moins, en 48 heures.

Astuce stimulante

Ajouter 1 c. à soupe de matcha et opter pour des pépites de chocolat blanc.

Les **Truffeskis**

(dattes et cacao)

Avez-vous déjà dégusté une mignardise chocolatée qui génère à la fois du bonheur, de la joie, de l'amour et de la paix en vous, en une seule bouchée ? En plus, la recette est facile à faire.

Cuisson : aucune **Quantité :** environ 20 truffeskis

Les Truffeskis
150 g (1/2 tasse) de purée de dattes
35 g (1/3 tasse) de cacao

La mise en forme
Un peu d'huile pour enduire les mains
25 g (1/4 tasse) de cacao pour rouler les Truffeskis

Les fantaisies
Noix de pacanes moulues
Filaments de noix de coco non sucrée
Amandes moulues
Matcha
Confettis colorés à gâteau (pour amuser les enfants)

Tadamski :

01 Dans une casserole, mélanger tous les ingrédients de la section **blanche**.
02 Attention ! Le cacao va virevolter. Brasser jusqu'à l'obtention d'une belle pâte homogène.
03 Dans la section **grise**, enduire les mains d'un peu d'huile et façonner des boules avec la pâte. Les rouler dans le cacao.
04 Pour vous amuser, roulez quelques boules dans d'autres fantaisies, au choix de la section **jaune**.
05 Conservation : dans un plat, au congélateur.

Truc de la Madame

Surprenez vos invités, offrez un Truffeski en guise de trou normand. Ha ! Ha ! Ha !

La **Faquentouka**

(sauce aux canneberges)

Petit fruit rouge festif, tu as tant de sobriquets qu'on en oublie notre français. Atoca, ataca, airelle rouge, canneberge, cranberry… ça fait que… entouka, c'est ça qui est ça. Joyeuse dinde !

Cuisson : 15 minutes **Cuisinière :** à feu moyen
Quantité : 375 ml (1 1/2 tasse)

150 g (1/2 tasse) de purée de dattes
400 g (4 tasses) de canneberges surgelées
1/2 c. à thé de cannelle moulue

Tadamski :

01 Dans une casserole, mélanger tous les ingrédients.
02 À feu moyen, laisser mijoter environ 15 minutes, en remuant de temps à autre.
03 Hourra ! Enfin une version de sauce aux canneberges pas trop sucrée et juste assez acidulée.
04 Conserver au réfrigérateur.

Le saviez-vous ?

La Faquentouka se mange autant avec la dinde et le porc… qu'en guise de fantaisie dans un muffin. Voir Oh ! canneberge de mon cœur à la page 87.

Le **Stauffe aux fraises**

(mi-confiture mi-coulis)

Ce n'est pas vraiment de la confiture ni un coulis… c'est différent. Plus léger et plus frais. C'est bon sur une galette, du pain, du yogourt, de la crème glacée… C'est parfait. C'est du stauffe.

Cuisson : 10 minutes **Cuisinière :** à feu moyen **Quantité :** 375 ml (1 1/2 tasse)

100 g (1/3 tasse) de purée de dattes
560 g (4 tasses) de fraises surgelées
2 c. à soupe de jus de citron
3 c. à soupe de graines de chia

2 g (1 sachet) d'agar-agar ou 2 c. à soupe de pectine liquide

Tadamski :

01 Dans une casserole, mettre tous les ingrédients de la section **noire**.
02 Laisser mijoter à feu moyen, en remuant de temps en temps, environ 10 minutes.
03 Ajouter l'ingrédient de votre choix de la section **grise**.
04 Verser dans 1 ou 2 pots et réfrigérer.
05 Facile à faire, hein ?

Truc de la Madame

Envie d'une tarte aux fraises ? Remplacer les 2 g d'agar-agar par les ingrédients de la section jaune de la page 175.

Les **fantaisies**

dénommées **Coulis, Crémage** et **Ganache**

C'est confirmé : faire des choix santé, c'est la vie. Ça goûte la joie de vivre et ça nous énergise. Que demander de plus ? Essayez ces fantaisies, vous m'en donnerez des nouvelles ! (Oui, oui, osez en mettre un peu partout.)

Coulis pétant de santé

(comme une sauce au chocolat)

150 g (1/2 tasse) de purée de dattes
60 g (1/4 tasse) de boisson végétale (ou de lait)
2 c. à soupe de cacao
1 à 2 c. à soupe de rhum épicé (facultatif)

Crémage choco noir

(comme du glaçage au chocolat)

225 g (3/4 tasse) de purée de dattes
35 g (1/3 tasse) de cacao
3 c. à soupe de crème (laitière ou non) 15 % ou 35 %, au choix...

Ganache de service

(comme une ganache)

Faire la recette de la tartinade Caramellosel de la page 47 et y ajouter :

50 g (1/4 tasse) de crème (laitière ou non) 15 % ou 35 %, au choix...
35 g (1/4 tasse) de pépites de caramel Skor ou sans produits laitiers
Mettre tous les ingrédients dans un bol et bien mélanger.

Tadamski :

01 Saurez-vous résister à la tentation de les dévorer à la cuillère ?
02 On en mange avec des gâteaux, des muffins et partout où vous voulez... Miamski !
03 Se conservent au réfrigérateur dans un plat hermétique.

Vive la purée de dattes !

Je crois que tout est possible dans la vie.

Il suffit de savoir ce qu'on veut vraiment.
(Ce qui n'est pas toujours évident.)
Ensuite, il faut regarder à l'horizon
et faire tout ce qu'on a à faire pour y arriver.
Comme les athlètes olympiques.

Un jour, j'ai pris cette décision de contribuer à changer le monde.
Chaque matin, je me lève et je me dis que je vais y arriver.
Étape par étape, recette par recette, kilomètre par kilomètre.
Ce n'est pas un sprint, mais un véritable marathon.
Parfois, il faut oser réinventer.

Peu importe le défi que vous voulez relever,
vous pouvez le relever.
Croyez-moi.
Tout est en vous.
Prenez soin de vous et aimez ce que vous faites.
Vous aussi vous pouvez faire de votre vie un grand rêve…

Pour se dépasser, il faut avoir du cœur au ventre… Et le ventre heureux.
(Et non dans les talons.) Ha ! Ha ! Ha !
Si vous faites le choix d'être de bonne humeur, alors… tout est pour vous.
L'attitude, c'est tout, et le succès vous appartient.
Je crois en vous.

Bonne épopée !

(Et n'oubliez pas de carburer aux Labriski ;-)

À suivreski…

Index des ingrédients

Index des recettes

Madame Labriski partage sa fougue contagieuse
dans ses conférences énergisantes.
Saurez-vous résister à la tentation
de faire le plein de motivation ?

Pour information : **info@madameLabriski.com**

Madamelabriski.com
Megarelaismadamelabriski.com
Pureededattes.com

Cet ouvrage a été achevé d'imprimer sur les presses
d'Imprimerie Transcontinental, Beauceville, Canada